内蒙古黄河流域水权交易制度建设与实践研究丛书

主　编　王慧敏　赵　清
副主编　吴　强　石玉波　刘廷玺　阿尔斯楞

水权交易实践与研究

刘钢　高磊　等　著

U0238635

中国水利水电出版社
www.waterpub.com.cn
·北京·

内 容 提 要

　　本书围绕内蒙古黄河流域水权交易理论、实践与创新三个方面进行了系统研究。作者以准公共物品理论、公共治理理论、水资源供需理论、水权水市场理论为方法论，以人与自然和谐发展理念为指导，以内蒙古黄河流域水权交易实践为对象，在水权交易实践研究中引入复杂适应系统理论，从新制度经济学视角出发，运用契约理论，展开水权交易理论与实践研究。

　　本书可作为高等院校信息类、经济管理类、资源环境类相关专业师生的参考书，也可供相关科研单位、管理部门及决策部门的科技、管理人员参考。

图书在版编目（ＣＩＰ）数据

　　水权交易实践与研究 / 刘钢，高磊等著. -- 北京：
中国水利水电出版社，2020.2
　　（内蒙古黄河流域水权交易制度建设与实践研究丛书）
　　ISBN 978-7-5170-8773-1

　　Ⅰ．①水… Ⅱ．①刘… ②高… Ⅲ．①水资源管理－
研究－内蒙古 Ⅳ．①TV213.4

　　中国版本图书馆CIP数据核字(2020)第153130号

书　　名	内蒙古黄河流域水权交易制度建设与实践研究丛书 **水权交易实践与研究** SHUIQUAN JIAOYI SHIJIAN YU YANJIU
作　　者	刘钢　高磊　等　著
出版发行	中国水利水电出版社 （北京市海淀区玉渊潭南路1号D座　100038） 网址：www.waterpub.com.cn E - mail：sales@waterpub.com.cn 电话：(010) 68367658（营销中心）
经　　售	北京科水图书销售中心（零售） 电话：(010) 88383994、63202643、68545874 全国各地新华书店和相关出版物销售网点
排　　版	中国水利水电出版社微机排版中心
印　　刷	清淞永业（天津）印刷有限公司
规　　格	170mm×240mm　16开本　13.25印张　259千字
版　　次	2020年2月第1版　2020年2月第1次印刷
印　　数	0001—6000册
定　　价	**60.00元**

《内蒙古黄河流域水权交易制度建设与实践研究丛书》编委会

本书编写人员

黄河流域水资源严重短缺，区域间、行业间用水矛盾突出，落实习近平总书记在黄河流域生态保护和高质量发展座谈会上的讲话精神，急需把水资源作为最大的刚性约束，加强生态保护，推动高质量发展。国务院通过"八七分水"方案确定了沿黄各省区的黄河可供水量，黄河水利委员会加强了黄河水资源统一调度和管理。在坚持黄河取用水总量控制的情况下，引入市场机制开展水权交易，是解决黄河流域水资源区域和行业间矛盾的重要出路。2000年，我在中国水利学会年会上作了题为《水权和水市场——谈实现水资源优化配置的经济手段》的学术报告，20年来我国水权水市场建设取得了积极成效，特别是内蒙古自治区运用水权水市场理论，以初始水权和总量控制为基石，探索出了一条具有黄河流域特色的水权改革创新之路。

总体上看，我认为内蒙古黄河流域水权交易探索有以下经验值得借鉴：一是"需求牵引，供给改革"，始终注重以经济社会发展对水权交易的需求为牵引，通过水资源供给侧结构性改革，一定程度上缓解了水资源供需矛盾；二是"控制总量，盘活存量"，在严格控制引黄取用水总量的前提下，盘活存量水资源，形成总量控制下的水权交易；三是"政府调控，市场运作"，既强调政府配置水资源的主导作用，又注重运用市场机制引导水资源向更高效率和效益的方向流动；四是"流域统筹，区域平衡"，既在流域层面统筹破解水资源供需矛盾，拓展了水资源配置的空间尺度，又在区域层面实现各相关主体的利益平衡，较好实现了多方共赢。

从2003年至今，内蒙古黄河流域水权交易探索取得了重要成效。目前内蒙古沿黄地区经济总量相比2003年已经翻了好几番，但黄河取用水总量不升反降，较好实现了以有限水资源支撑经济社会的不断发展和生态环境的逐步改善，这也印证了水权水市场理论的生命力。

作为全国水权试点省区之一，内蒙古自治区于 2018 年全面完成了试点目标和任务，通过了水利部和内蒙古自治区人民政府联合组织的行政验收。在水权试点工作顺利结束之后，下一步内蒙古自治区的水权水市场建设如何走？在这承前启后的关键阶段，有必要对已有的实践探索进行全面总结，并基于当前和今后一段时期水权改革的趋势和方向，进一步健全和完善水权交易制度。这对于深入贯彻落实习近平总书记新时代治水思路以及黄河流域生态保护和高质量发展座谈会重要讲话精神、进一步破解内蒙古黄河流域水资源瓶颈问题、支撑区域经济社会高质量发展和生态文明建设，具有重要和深远的意义。

《内蒙古黄河流域水权交易制度建设与实践研究丛书》共分 3 册，各有侧重，诠释了内蒙古黄河流域水权交易的"昨天、今天、明天"。其中，《水权交易实践与研究》侧重于实践维度，梳理了内蒙古黄河流域水权交易实践历程，探究了交易背后的内在需求和理论基础，评估了交易效益，归纳了交易实践创新内容，提出了今后的交易发展对策；《水权交易制度建设》侧重于制度维度，评估了内蒙古黄河流域水权交易制度，归纳了制度创新内容，构建了当前和今后一段时期制度建设框架，研究了制度建设重点；《节水技术与交易潜力》侧重于技术维度，评估了水权交易工程实施效果，归纳了节水技术创新内容，分析了水权交易市场潜力。

衷心祝愿有关各方能够以该丛书为新的起点，进一步谋划和深化水权水市场理论和制度创新，在更高的层次上实现生态文明建设和经济社会高质量发展的共赢。

水利部原部长：汪恕诚

2020 年 1 月

内蒙古自治区位于中国北疆，是重要的能源基地和北部生态屏障，全区国土面积为 118.3 万 km²，占全国的 12.3%，但多年平均水资源总量仅为 545.95 亿 m³/a，仅占全国的 1.9%，耕地亩均水资源量仅为全国平均的 1/3。在内蒙古黄河流域，煤炭等矿产资源富集，经济发展较快，GDP 占全区的 65%，在内蒙古自治区经济社会发展中占有重要地位，其水资源可利用量约 89 亿 m³/a，其中黄河分水 58.6 亿 m³/a，受"丰增枯减"原则制约，实际耗水指标不足 40 亿 m³/a，缺水一直是内蒙古黄河流域经济发展的关键瓶颈。内蒙古黄河流域农业用水量占总用水量的 90%，而灌区渠系水利用系数自流灌区仅为 0.32~0.42，输水损失严重，水资源消耗强度比发达国家普遍高 5~10 倍，农业水资源的低效利用，加剧了水资源短缺局面，直接制约着内蒙古黄河流域经济社会发展，同时，内蒙古黄河流域能源产业缺水限产的问题，也对国家能源安全大局造成了严重影响。为破解水资源困局，保障区域经济社会生态可持续发展，内蒙古自治区在黄河流域开展了一系列水权有偿转让的创新实践，取得了显著成效。

内蒙古自治区在黄河流域开展的水权制度建设的探索性实践工作可分为三个阶段，第一阶段为盟市内水权转换阶段，第二阶段为盟市间水权转让阶段，第三阶段为市场化水权交易阶段。通过三个阶段的探索性实践，内蒙古自治区初步形成了干旱半干旱地区的流域水资源使用权优化配置的系统解决方案，进一步丰富和完善了最严格水资源管理制度和水权交易制度。具体来看：①2003—2013 年盟市内水权转换阶段，通过对阿拉善盟、鄂尔多斯市、乌海市、包头市的农业灌区开展节水改造，转换水量 3.32 亿 m³/a，解决了 50 多个大型工业项目的用水指标问题；②2013—2016 年盟市间水权转让阶段，通过对巴彦淖尔市河套灌区沈乌灌域开展节水改造，节余水量总计 2.35 亿 m³/a，其中，转让水量 1.20 亿 m³/a，剩余 1.15 亿 m³/a 水量用于生态补水；③2016 年，内蒙古自治区在中国水权交易所开展了多起公开水权交易，实现了由协议转让方式向公开交易方式的转变，标志着内蒙古自治区水权交易进入了市场化交易阶段。通过多年的探索性实践，内蒙古自治区形成了以农业节水支持工业发展，工业发展反哺农业建设，经济社会与资源环境协调发展的良性运行机制，走出了一条解决流域半干旱地区经济社会发展的水资源高效利用新路子。

在开展水权交易探索性实践的同时，内蒙古自治区在黄河流域开展的水权交易配套制度建设工作也不断向前推进，出台了一系列配套政策文件，为水权改革的顺利推进奠定了制度基础。

本书第一章对内蒙古黄河流域水权交易制度的发展历程进行了回顾与总结；第二章在梳理内蒙古黄河流域自然禀赋、灌区概况的基础上，提出了地区水资源供需矛盾现状和制度供给短缺与需求，构建了水权交易制度建设分析框架；第三章分析了水权交易制度建设的理论基础，提出诱致性变迁理论的内蒙古方案；第四章在确定评估方法的基础上，对水权交易的具体环节与要素开展了评估，归纳总结出了内蒙古黄河流域现阶段比较成熟、可继续沿用的制度，存在不足、需改进的制度及存在空白、需新建的制度；第五章构建了水权交易效益评估的理论和技术基础，科学评估了水权交易的综合效益，并对结果进行了分析；第六章梳理总结了内蒙古黄河流域通过多年探索，完成的包括理念、制度、管理和技术 4 个方面的创新实践；第七章在开展节水潜力、交易趋势分析的基础上，明确了水权交易制度建设的战略定位和重点，并从宏观出发，提出了下一步发展的对策建议。

内蒙古自治区历时 10 余年，在黄河流域开展了一系列成果显著的水权制度建设探索性实践，丰富了水权交易理论与实践，具有重大理论创新价值，更在中国水权交易制度发展历程中书写下了浓墨重彩的篇章，是中国水权制度建设的重要内容。

本书由河海大学刘钢、中国水权交易所高磊主编。参与第一章、第三章、第七章编写工作的有王毅鑫、方舟、支彦玲、蒋义行、刘晓旭、陈向东、王寅、郭飞；参与第二章、第四章编写工作的有汪玮茜、吴蓉、徐业帅、王雪艳、张帆、李昂、郭淳、王金秋、施露、胡帆；参与第五章、第六章编写工作的有余丽、洪俊、尹霖、徐豪、陈诚、张思涵、章林娜、杨洋、钟雨纯。特别感谢王毅鑫博士承担了全书的校稿工作。另外，也要感谢为本书在调研走访、数据采集、书稿校对中提供了大量帮助的相关部门及同志。

限于作者水平，书中存在许多不完善之处，恳请广大读者批评指正。

作　者

2020 年 1 月

第一章 内蒙古黄河流域水权交易实践历程

本章主要对内蒙古黄河流域水权交易制度的发展历程进行回顾和总结，其是开展水权交易制度建设评估的前提和基础。本章对内蒙古黄河流域水权交易制度三阶段的背景、工程、制度、成效等做了归纳梳理。

一、盟市内水权转换阶段❶ （2003—2013 年）

（一）水权转换阶段背景

改革开放以来，尤其是 1978—2002 年，我国综合国力增速显著，兴建了一大批水利、交通、通信、能源和环保等基础设施工程，但同时生态环境、自然资源和经济社会发展的矛盾也日益突出。内蒙古自治区作为我国重要的能源基地和生态屏障，在我国西北部地区具有重要的战略地位。2000 年 1 月，国务院在北京召开了西部地区开发会议，会议明确要求加强水利基础设施建设，把水资源的合理开发和节约利用放在突出位置，切实加强生态环境保护和建设，加强产业结构调整，促进地区资源优势转化为经济优势。同年，水利部时任部长汪恕诚首次提出水权的概念，给出水权的分配与定价原则，根据我国国情提出宏观、微观两套指标体系，为后续进一步明晰水权提供了重要的参考依据。按照 2002 年 11 月党的十六大提出的实现全面建设小康社会的目标，在十年内，内蒙古自治区需要保持经济水平长期稳定快速增长。内蒙古自治区沿黄地区资源富集，发展电力及煤化工工业是实现这一地区经济快速增长的必由之路。2002 年以后，随着我国改革开放的深入和西部大开发战略的实施，内蒙古黄河流域经济社会快速发展，取用黄河水量也迅速增加。根据黄河用水统计和黄河取水许可审批情况，内蒙古自治区的黄河用水指标已经供不应求，黄河水超取现象时有发生，而根据"八七分水"方案❷，沿黄地区均不允许新增黄河用水指标。内蒙古黄河流域煤炭资源丰富，当地主要产煤区依托煤炭资源优势和国家宏观经济发展的战略布局进行招商引资，并制定了相关优惠政策，围

---

❶ 这一阶段的水权有偿出让采取的是在盟市内开展"灌区—企业"点对点（一对一）计划式交易，具有显著的政府配置特征。

❷ "八七分水"方案是指国务院于 1987 年批准的《黄河可供水量分配方案》，将扣除黄河下游冲沙入海用水之后的可供水量分配给沿黄各省（自治区）。

绕资源开发、转化和深加工的大量工业项目纷纷要求上马，但由于没有用水指标而无法立项建设，水资源问题成为了制约当地经济发展的突出瓶颈。

内蒙古沿黄灌区是黄河流域传统的灌溉农业区，在重视农业灌溉水资源配置的历史背景下，农业灌溉配置的初始水权比重过大，导致了用水结构与经济社会发展严重不协调。从内蒙古沿黄地区的用水整体情况来看，沿黄灌区用黄河水量占到总用水量的 90%，沿黄灌区大多兴建于 20 世纪 50—60 年代，工程配套程度低，老化失修，新建节水工程投入资金不足，截至 2003 年，渠系水利用系数仅为 0.35～0.45，有 50% 以上的水资源在输水过程中损失掉。而农业节水改造工程建设需要大量的资金投入，依靠地方财政投入无法支撑，资金短缺成为农业节水最重要的制约因素。综合来看，一方面是工业发展用水紧张，有用水需求却无用水指标；另一方面是农业用水利用率低，需要节水却缺乏资金。

基于国家对内蒙古自治区的发展需求和地区水资源供需矛盾现状，2002 年 11 月，内蒙古自治区水行政主管部门与黄河水利委员会（以下简称"黄委"）共同协商，提出让建设项目业主出资对引黄灌区进行节水改造，将灌区节约的水量指标有偿转换给工业建设项目使用，通过水权转换方式，获得黄河取水指标的方案。2003 年 4 月 1 日，黄委印发了《关于在内蒙古自治区开展黄河取水权转换试点工作的批复》，同意在内蒙古自治区开展黄河干流水权转换试点，通过对鄂尔多斯市黄河南岸灌区杭锦灌域开展节水改造，把节约水量有偿转换给鄂尔多斯市达拉特电厂四期工程。至此，内蒙古自治区在实践中初步形成了"节水投资、水权转换"这一水权制度建设新思路。水权转换为我国建设节水型社会开创了一条崭新的道路，内蒙古自治区得到了国家部委的大力支持，并依照《关于内蒙古自治区宁夏黄河干流水权转换试点工作的指导意见》（水资源〔2004〕159 号）（以下简称《指导意见》）、《水利部关于水权转让的若干意见》（水政法〔2005〕11 号），不断切实完善水权制度建设。

（二）水权转换阶段典型工程

2003—2013 年，内蒙古自治区开展了黄河流域水权转换试点工作，在盟市内部进行水权转换，得到了水利部、黄委的大力支持和指导。鄂尔多斯市、包头市、乌海市、阿拉善盟开展了灌区节水改造工程建设，进而通过将农业节余用水指标转换为工业项目用水的水权转换工作。通过开展盟市内水权转换工作，共筹集了 30 多亿元的沿黄灌区节水改造资金，沿黄灌区引黄耗水量实现了显著降低，其中，鄂尔多斯市黄河南岸灌区从实施水权转换项目前的 4.1 亿 m³/a 降为 2 亿 m³/a 左右。2003—2013 年，转换水权指标 3.32 亿 m³/a，使 50 多个大型工业项目取得了取用水指标，为工业项目立项上马提供了保障，取得了显著成效。

在 2003—2013 年的 10 年间，内蒙古自治区主要完成了以包头市黄河灌区、鄂尔多斯市黄河南岸灌区、阿拉善盟孪井滩扬水灌区等为核心的水权转换节水工程以及配套工程建设，改变了内蒙古黄河流域灌区水资源利用水平低下的状态，显著提升了灌区农业用水效率与灌溉用水保证率。在保证农业用水的前提下，基本满足了工业发展用水需求，初步实现了水资源的高效利用，推动了经济、社会和生态的可持续发展。其中，代表性盟市内水权转换工程如下：

1. 鄂尔多斯市水权转换一期工程

鄂尔多斯市自然资源富集，煤炭已探明储量为 1496 亿 t，占全国的 1/16。天然气探明储量为 8000 多亿 m^3/a，占全国的 1/3。然而，鄂尔多斯市水资源匮乏，资源性、工程性和结构性缺水问题并存。作为国家重要的能源化工基地，自 2000 年以来，一大批煤电、煤化工项目落户鄂尔多斯市。新增工业项目对水资源的需求急剧增加，水资源供需矛盾日益突出，制约着该区域的能源经济发展。

2003 年 6 月，黄委批准了《内蒙古自治区水权转换总体规划》，其中鄂尔多斯市黄河水权转换一期工程规划转换水量为 1.3 亿 m^3/a，规划建设期为 2005—2007 年。水权转换一期工程在黄河南岸灌区 32 万亩自流灌区实施，工程于 2004 年 10 月开工建设，2008 年 9 月全面完工，完成投资 7.02 亿元，共完成渠道衬砌 1584.69km。工程于 2010 年 1 月通过了内蒙古自治区水利厅（以下简称"自治区水利厅"）组织的竣工验收，2011 年 9 月通过了黄委组织的核验。

通过鄂尔多斯市水权转换一期工程的实施，实现年节水量 1.46 亿 m^3，年可转换水量 1.3 亿 m^3，为 26 个工业项目提供了用水指标。一方面，在用水总量不增加的情况下，引导了水资源向经济效益高的方向转化，工业项目通过建设引黄灌区节水改造工程获得水权，提高了水资源利用效率。另一方面，灌区农民得到了实惠。渠道衬砌后，灌水时间由 2003 年以前的 15d 缩短到 5～7d；亩均水费减少了 18 元，比原来节省了 1/3。综合来看，鄂尔多斯市水权转换一期工程保障了工农业协调发展，实现了多赢目标。

2. 鄂尔多斯市水权转换二期工程

鄂尔多斯市水权转换一期工程实施后，受国际能源市场以及我国能源战略影响，鄂尔多斯市能源产业的水资源供需矛盾日益加剧，直接制约了区域产业结构调整。2009 年，鄂尔多斯市启动了鄂尔多斯市水权转换二期工程。

二期工程是在一期工程基础上实施的一项高效农业节水工程，主要建设内容是南岸 57.16 万亩扬水灌区泵站整合、渠道衬砌和整个南岸引黄灌区田间节水工程（喷灌、滴灌、畦田改造）。通过引进先进的喷灌、微灌高效节水技术设备和现代管理信息化系统，对引黄灌区进行以节水为中心的高效节水技术装备和改造配套建设。2009年8月黄委批准了《鄂尔多斯市引黄灌区水权转换暨现代农业高效节水工程规划》（黄水调〔2009〕46号），2009年10月黄委批准了《鄂尔多斯市引黄灌区水权转换暨现代农业高效节水工程可行性研究》（黄水调〔2009〕65号）。2014年4月黄委批准了《鄂尔多斯市引黄灌区水权转换暨现代农业高效节水工程调整方案》（黄水调〔2014〕176号）。鄂尔多斯市水权转换二期工程于2010年3月全面开工建设，2017年4月通过了内蒙古自治区水利厅组织的竣工验收，2017年9月通过了黄委组织的核验，共完成投资16.5亿元。

通过鄂尔多斯市水权转换二期工程的实施，实现年节水量1.23亿 m³，可转换水量0.99亿 m³，为盟市内重大工业项目提供了用水指标，拓宽了水利工程建设融资渠道，降低了农民水费支出和灌溉劳动力投入，增加了农民收入，推进了灌区管理制度改革，促进了灌区土地流转整合，推动了现代农业的发展，实现了"农业节水，工业用水，富一方百姓，强一域经济"的多赢目标，产生了巨大的经济、社会效益。

3. 阿拉善盟孪井滩扬水灌区水权转换项目

乌斯太热电厂位于内蒙古自治区的最西部，是蒙西电网最西端的一座大型热电厂，作为内蒙古自治区"十一五"规划的电源项目，对电网结构平衡起到重要支撑作用。同时，乌斯太热电厂承担着乌斯太镇、工业园生活区的集中供暖任务。

针对乌斯太热电厂2×300MW空冷发电供热机组项目的水权转换需求，根据《内蒙古自治区人民政府批转自治区水利厅关于黄河干流水权转换实施意见（试行）的通知》（内政字〔2004〕395号）精神，2004年阿拉善盟行政公署启动孪井滩扬水灌区向乌斯太经济开发区工业项目进行水权转换，具体措施为：对内蒙古自治区孪井滩扬水灌区17.33km支渠和249km农渠进行防渗衬砌，可减少孪井滩扬水灌区渠道渗漏水量319万 m³/a，将节约的水量有偿转换给内蒙古自治区乌斯太热电厂，以满足该项目的用水需求。2005年5月13日，黄委同意内蒙古自治区乌斯太电厂2×300MW空冷发电供热机组项目用水指标以阿拉善盟孪井滩扬水灌区水权转换的方式获得，年取黄河水量为263万 m³。自治区水利厅于2007年12月批准了《孪井滩扬水灌区向乌斯太热电厂2×300MW空冷发电供热机组工程实施水权转换节水改造工程初步设计》。项目总投资为2784.99万元，其中节水改造工程费1856.74万元，25年运行维护费928.25万元。

乌斯太热电厂2×300MW空冷燃煤机组是乌斯太经济开发区集供电、供汽、供热为一体的机组。这个电厂的投用，取代了开发区传统高耗能、高污染的小锅炉 14 台,每年为园区节约小锅炉运营成本 7000 万元,节约标准煤 6 万 t/a,减少二氧化碳排放 16 万 t/a,减少二氧化硫排放 1.1 万 t/a,同时,有效保障了工业园区内 8 家工业企业的生产用气及居民冬季取暖。乌斯太热电厂水权转换项目是内蒙古自治区水权转换首批试点项目,更是阿拉善盟工业项目中第一个完成黄河水权转换工作,并获得黄河水权指标和取水许可的项目。该项目的完成,不仅标志着阿拉善盟水权转换工作取得了实质性成果,更为下一步开展盟市间水权转让工作积累了宝贵经验。

4. 乌海市神华乌海煤焦化水权转换项目

神华乌海能源有限责任公司(以下简称"乌海能源公司")隶属于神华集团有限责任公司。乌海能源公司是一个集煤炭生产、洗选、焦化、煤化工及矸石发电为一体的多业并举、循环发展的综合性能源企业。公司产品以主焦煤、1/3 焦煤、高热混合冶金焦、煤焦油、甲醇为主。

针对神华乌海煤焦化 50 万 t 甲醇项目用水指标需求,依据《内蒙古自治区水权转让总体规划》《内蒙古自治区人民政府关于批转自治区盟市间黄河干流水权转让试点实施意见(试行)的通知》(内政发〔2014〕9 号)等文件精神,神华乌海煤焦化 50 万 t 甲醇项目水权转换节水改造项目实施地点为海勃湾区新地灌区和海南区巴音陶亥灌区,由海勃湾区农牧林水局和海南区水利局实施,主要对海勃湾区新地灌区 7 条干渠(14.94km)进行管道输水改造和防渗衬砌改造;对海南区巴音陶亥灌区 3 条干渠(40.83km)进行防渗衬砌。2010 年 11 月,黄委批复了神华乌海煤焦化 50 万 t 甲醇项目的水权转换可行性研究及水资源论证报告,从海勃湾区新地灌区及海南区巴音陶亥灌区转换水量 421.3 万 m^3,项目依托鄂尔多斯市鄂绒取水口取水。

灌区节水工程实施后可提高海勃湾区巴音乌素村、新丰村、新地村和海南区巴音陶亥镇农业灌溉输水效率、农田灌溉水有效利用系数,年节水量为 526.83 万 m^3,转换给神华乌海能源公司 421 万 m^3 生产用水。神华乌海煤焦化水权转换项目的完成,不仅为乌海市打开了通过水权转换破解水资源供需矛盾的新途径,也丰富了"点对点"的盟市内水权转换模式,为开展盟市间水权转让工作积累了宝贵经验。

5. 包头市黄河灌区水权转换一期工程

包头市黄河灌区建于 20 世纪 60—70 年代,经过三四十年的运行,工程普遍老化失修,机电设备长期带病运行,处于低能高耗状态,骨干建筑物的利用率很低,骨干渠道过流能力不足,渠道渗漏损失大。由于资金制约,田间工程配套差,供水能力衰减,单位流量日浇地效率明显下降,这种状况严重制约着灌区农业生产的发展。随着包头市经济社会的快速发展,新上工业项目无新增取水许可指标,工业发展后续水源不足,导致包头市快速增长的电力及煤化工工业受到了极大的制约。实施农业节水和水权有偿转让是解决供用水矛盾的唯一出路。因此，包头市于 2011 年开展了黄河灌区水权转换一期工程。

2011 年 9 月 15 日，黄委批复了《包头市黄河灌区水权转换一期工程规划报告》（黄水调〔2011〕43 号）。包头市黄河灌区水权转换一期工程规划范围为包头市镫口扬水灌区及民族团结灌区。包头市黄河灌区通过对灌水渠系实现全面防渗衬砌、配套建筑物等工程措施，提高灌通水利用系数和灌溉水利用系数，降低灌区综合毛灌溉定额，最终实现节水目的。

实施工程节水措施后总的节水量为 0.9 亿 m^3/a，其中镫口扬水灌区渠道衬砌工程节水量为 0.48 亿 m^3/a，民族团结灌区渠道衬砌工程节水量为 0.42 亿 m^3/a。扣除大型灌区衬砌工程对应节水量后，镫口扬水灌区和民族团结灌区渠道衬砌工程节水量分别为 0.46 亿 m^3/a、0.35 亿 m^3/a，合计 0.81 亿 m^3/a。镫口扬水灌区和民族团结灌区各级渠道经过衬砌后，渠道水利用系数也有了很大的提高。综合来看，包头市黄河灌区水权转换一期工程的实施，具有显著的社会、经济和生态效益；保障了灌区农民用水权益，提高了全社会节水意识；解决了包头市部分新建工业项目的用水需求，拓宽了区域经济发展空间；改善了土壤盐碱化情况，促进了地表生态系统良性发展。

（三）水权转换阶段制度建设

1. 出台《内蒙古自治区农业节水灌溉条例》

2001 年，内蒙古自治区人大常委会颁布了《内蒙古自治区农业节水灌溉条例》，自 2002 年 5 月 1 日起施行。条例共 7 章 36 条，首次将"水的使用权可以有偿转让"写入地方性法规，主要明确了以下内容：

（1）明确了制定条例的目的和依据、适用范围、执行和监督部门、基本原则等。

（2）确定了农业节水灌溉规划和工程建设的相关规定。旗县级以上人民政府水行政主管部门根据当地国民经济和社会发展规划，负责组织编制本区域农业节水灌溉规划。农业节水灌溉规划的修改必须经原批准机关核准。农业节水灌溉建设项目，由项目建设单位依照批准的农业节水灌溉规划，做好项目立项、可行性研究、设计等前期工作。前期工作必须由具有相应资质的勘测设计单位承担。农业节水灌溉建设项目的申报与审批按照国家和内蒙古自治区有关基本建设程序和标准执行。

（3）对农业灌溉用水管理和保障作了相关规定。农业灌溉实行灌溉用水总量控制和定额管理相结合的制度。供水经营管理单位应当健全水费收取制度，定期向用户公开用水量、水价和水费。推广基本水价和计量水价相结合的水价制度，禁止实行包费制；对超计划用水实行累进加价制；对采取节水措施在灌溉用水定额内实现节水的单位和个人要给予鼓励。各级人民政府应当加强农业节水宣传教育工作，提高干部群众农业灌溉节水意识。各级人民政府应当支持和鼓励有关部门研究推广渠系衬砌、管道输水、喷灌、滴灌与渗灌等农业节水灌溉技术，为发展农业节水灌溉提供新技术、新材料、新设备。农业节水灌溉资金必须专款专用。

2. 出台《内蒙古自治区实施〈中华人民共和国水法〉办法》

内蒙古自治区第七届人民代表大会常务委员会第二十次会议通过 1991 年 4 月 21 日公布实行《内蒙古自治区实施〈中华人民共和国水法〉办法》；2004 年 5 月 27 日内蒙古自治区第十届人民代表大会常务委员会第九次会议修订通过《内蒙古自治区实施〈中华人民共和国水法〉办法》，自 2004 年 8 月 1 日起施行。办法共 8 章 43 条，主要明确了以下内容：

（1）明确了制定办法的目的和依据、适用范围、水资源的所有权、执行和监督部门、单位和个人的与义务、基本原则等。

（2）对水资源规划与配置和开发利用与管理做了说明。开发、利用、节约、保护水资源和防治水害，应当进行水资源综合科学考察和调查评价，按照流域、区域统一制定规划。开发、利用水资源，应当首先满足城乡居民生活用水，并兼顾农业、工业、生态环境用水的需要。牧区水利建设资金按照国家和内蒙古自治区扶持与受益者合理承担相结合的方式筹集。取水许可证实行分级管理，水资源费按照分级管理的权限由水行政主管部门组织征收，纳入财政专户，实行收支两条线管理。不列入国家基本建设管理程序的建设项目，可以直接向有权审批的水行政主管部门提出取水许可申请。取水许可证实行年度审验制度。

（3）对水资源、水域和水利工程保护做了说明。开发利用地表水，应当维持江河的合理流量和湖泊、水库的合理水位，维护水体的自然净化能力，防止对生态环境造成破坏。开采地下水应当在水资源评价的基础上，实行统一规划，科学利用。各级人民政府及有关部门和单位应当加强污水处理工程建设。旗县级以上人民政府水行政主管部门和环境保护行政主管部门的水质监测结果应当按照国家规定向社会公布。旗县级以上人民政府水行政主管部门负责拟定节水政策，编制节水规划，会同有关部门制定节水有关标准，组织、指导和监督节约用水工作。

（4）对水事纠纷处理与执法监督检查做了规定。

3. 出台《关于分配黄河水初始水权量有关事宜的通知》

在开展黄河干流水权转换工作时，内蒙古自治区根据"八七分水"方案，以黄委历年来批准发证、内蒙古自治区人民政府 2000 年 2 号文件和自治区水利厅分配给沿黄小泵站的指标为基础，本着尊重历史、照顾现状和考虑未来的原则，经过近半年的方案比较和沟通协调，内蒙古自治区人民政府于 2004 年 11 月正式下发了《关于分配黄河水初始水权量有关事宜的通知》（内政字〔2004〕379 号），将 58.6 亿 m³/a 的引黄指标分配到沿黄 6 个盟市，并要求各地再逐级分解到各用水户。例如，2005 年 9 月，杭锦旗人民政府办公室制定并下发了《杭锦旗人民政府办公室印发内蒙古自治区杭锦旗黄河南岸自流灌区水权转换框架下灌区水资源配置实施方案的通知》，在杭锦旗黄河南岸灌区，按照"总量控制、定额管理"的原则，将初始水权具体明晰至斗渠（农民用水者协会）。这些水量分配的基础工作，为开展水权转换工作奠定了基础。

4. 出台《关于黄河干流水权转换实施意见（试行）》

2004 年年底，自治区水利厅为规范和推进黄河干流水权转换工作，根据水利部《指导意见》和黄委《黄河水权转换管理实施办法（试行）》（黄水调〔2004〕18 号）〔以下简称《实施办法（试行）》〕，结合内蒙古自治区黄河水资源开发利用的实际情况，制定了《关于黄河干流水权转换实施意见（试行）》（内政字〔2004〕395 号）（以下简称《盟市内转换意见》），并由内蒙古自治区人民政府进行了批转。意见主要明确了以下内容：

（1）水权转换应具备的基本条件。直接从黄河干流取用水资源的单位和个人，要实施取水许可管理，依法获得取水权。实施水权转换的出让方与受让方要符合规定的条件。

（2）水权转换的审批与实施。明确了水权转换双方要向自治区水利厅提出书面申请及要提交的材料，实施水权转换的流程及签署协议构成的要素。

（3）明确了实施水权转换的期限及费用。水权转换期限原则上不超过 25 年，水权转换费用包括节水工程建设费用、运行维护费用、更新改造费用等。

（4）对组织实施和监督管理提出了要求。提出要成立水权转换工作领导小组，明确了自治区水利厅、盟市水行政主管部门、工程项目法人、黄委等负责的工作。

5. 出台《内蒙古自治区人民政府关于建设节水型社会的实施意见》

2007 年 5 月 11 日，内蒙古自治区为贯彻落实科学发展观，加快建设节水型社会，提高水的利用效率和效益，结合内蒙古自治区的实际情况，出台《内蒙古自治区人民政府关于建设节水型社会的实施意见》（内政发〔2007〕43 号）。意见主要明确了以下内容：

（1）明确了建设节水型社会的指导思想、基本原则和工作目标。

（2）提出要建立健全节水型社会的体制和机制。工作主要聚焦于改革水资源管理体制，实行用水总量控制与定额管理相结合的制度，全面推进水价改革，引导公众广泛参与水资源管理。

（3）提出要以水资源和水环境承载能力调整优化产业结构与布局。内蒙古自治区国民经济和社会发展要充分考虑水资源和水环境的承载能力，构建节水型产业结构，加大工业布局调整力度，积极调整农作物种植结构，城镇化建设要节约和集约利用水资源。

（4）提出要开发推广先进实用的节水技术，加快水资源优化配置工程建设。贯彻实施《中国节水技术政策大纲》，推广先进实用的农业节水、工业节水和城市生活节水技术，研究、开发和应用其他水源利用技术，加强水资源配置工程建设，提高对水资源时间和空间上的调控能力，加快节水管理信息化建设。

（5）提出要加强领导，完善政策措施。各级人民政府要高度重视节水型社会建设工作，把建设节水型社会纳入经济社会发展。确保认识到位、责任到位、措施到位，制定规划，抓好试点，分步推进，完善政策法规体系，加大政策支持力度，建立节水监督管理制度，加大投入力度，拓宽融资渠道，加强宣传教育，建立长效节水宣传教育机制。

6. 出台《内蒙古自治区取水许可和水资源费征收管理实施办法》

《内蒙古自治区取水许可制度实施细则》自 2000 年 10 月 31 日发布。2007年 12 月 28 日，内蒙古自治区人民政府第十二次常务会议通过《内蒙古自治区取水许可和水资源费征收管理实施办法》，同时废止《内蒙古自治区取水许可制度实施细则》，自 2008 年 3 月 1 日起施行。实施办法分为 7 章 35 条，主要明确了以下内容：

（1）明确了制定实施办法的目的和依据、适用范围、执行和监督部门、基本原则等。

（2）规定了取水的申请和受理、取水许可审批。申请取水的单位或者个人（以下简称"申请人"），应当向具有审批权限的旗县级以上人民政府水行政主管部门提出取水申请，其中取水许可审批权限属于流域管理机构的，应当向内蒙古自治区水行政主管部门提出申请。申请取用多种水源，且各种水源的取水许可审批机关不同的，应当向其中最高一级审批机关提出申请。跨行政区域或者在界河取水的，应当向共同具有取水审批权限的上一级人民政府水行政主管部门提出申请。申请取水并需要设置入河排污口的，申请人在办理取水许可申请时，应当按照国家有关规定提出入河排污口设置申请，并提交有关材料。内蒙古自治区取水许可实行分级审批，国家有规定的，从其规定。

（3）规定了水资源费的征收和使用管理。取水单位或者个人应当按照取水量和水资源费征收标准缴纳水资源费。农村牧区的农牧民在用水计划内或者定额内的农业灌溉用水和饮用水免征水资源费。水资源费由取水审批机关负责征收。其中，流域管理机构审批的，水资源费由内蒙古自治区人民政府水行政主管部门代为征收。取水审批机关可以委托所属水政监察机构或者取水口所在地水行政主管部门征收水资源费。

（4）规定了监督管理办法。取水审批机关应当建立取水许可监督检查制度，对其审批的取水许可以及下级实施取水许可制度情况进行监督管理。旗县级以上人民政府水行政主管部门应当建立取水登记制度，每年定期向社会公告其取水审批发证情况，并抄送上一级人民政府水行政主管部门或者流域管理机构。

7. 出台《内蒙古自治区党委、政府关于加快水利改革发展的实施意见》

内蒙古自治区党委于 2011 年出台了《内蒙古自治区党委、政府关于加快水利改革发展的实施意见》（内党发〔2011〕1 号）。实施意见共 7 章 31 条，主要明确了以下内容：

（1）明确了制定实施意见的目的和依据、新形势下水利的战略地位、水利改革发展的指导思想、基本原则和目标任务等。

（2）对如何加强水利基础设施建设作出了规定。夯实农牧业现代化水利基础，下大力气解决工程性、资源性缺水问题，保障城乡饮水安全，搞好水土保持和水生态保护，强化水利科技支撑和水文水利信息化建设。

（3）对如何进行水利改革作出了规定。完善水资源管理体制，深化水利工程管理体制改革，积极推进水价改革。

8. 出台《内蒙古自治区地下水管理办法》

内蒙古自治区人民政府于 2013 年 7 月 17 日审议通过《内蒙古自治区地下水管理办法》，2013 年 8 月 1 日公布，自 2013 年 10 月 1 日起施行。管理办法共 7 章 43 条，主要明确了以下内容：

（1）明确了制定管理办法的目的和依据、适用范围、基本原则、基本要求、监督管理的权限等。

（2）对如何进行地下水规划、地下水规划的目的、地下水规划的变更等作出了规定。旗县级以上人民政府水行政主管部门应当会同同级有关部门组织开展地下水资源调查评价。旗县级以上人民政府水行政主管部门应当依据上一级水行政主管部门的地下水规划，编制本行政区域的地下水规划，征求同级其他有关部门意见后，经上一级水行政主管部门审核，报本级人民政府批准后实施。经批准的地下水规划是保护、节约、利用和管理地下水的依据。地下水规划的变更应当按照规划编制程序报原审批机关批准。内蒙古自治区人民政府水行政主管部门应当会同同级有关部门划定自治区地下水功能区和禁止开采区、限制开采区，报内蒙古自治区人民政府批准后实施。涉及取用地下水或者可能对地下水保护产生影响的各类规划，应当开展水资源论证。

（3）对地下水保护作出了规定。旗县级以上人民政府应当在地下水饮用水水源地保护区的边界，设立地理界标和警示标志。取用地下水或者从事其他生产经营活动的，应当采取有效预防措施，防止污染地下水，减小对地下水的破坏。开发利用地下水时，应当做好不同含水层的止水措施，不得多层混合开采，潜水和承压水不得混合开采。鼓励、支持单位和个人因地制宜，采取人工回灌、雨水渗透等措施，增加地下水的有效补给。禁止将废污水用于地下水回灌。禁止在地下水饮用水水源地保护区、地下水超采地区以及深层承压含水层，利用地源热泵取用地下水。

（4）对地下水利用作出了规定。内蒙古自治区对地下水实行总量控制和水位控制管理。旗县级以上人民政府水行政主管部门应当根据上一级水行政主管部门分解的地下水开采总量控制指标，确定本行政区域内年度地下水开采总量控制指标。在容易发生盐碱化和渍害的地区采取措施，控制和降低地下水的水位，有计划地逐年减少地下水超采地区地下水开采量，逐步达到采补平衡。新建、改建、扩建的高耗水工业项目，禁止擅自使用地下水，农牧业灌溉严禁开采深层承压地下水。取用地下水的新建、改建、扩建建设项目应当开展水资源论证。内蒙古自治区对取用地下水的建设项目实行水资源论证分级审批。对地下水依法实行取水许可和水资源费征收管理制度。对地热水、矿泉水同时依法实行采矿许可制度和矿产资源有偿使用管理制度。特殊干旱年和突发事件等需要临时取用地下水的，取水单位或者个人应当在水井工程所在地盟行政公署、设区的市人民政府水行政主管部门办理告知性备案手续。应急期结束后水井工程应当停止使用，由盟行政公署、设区的市人民政府水行政主管部门统一封存管理。

（5）对地下水监测作出了规定。内蒙古自治区人民政府水行政主管部门负责组织地下水动态监测站网的统一规划和技术标准的制定。地下水动态监测站网的建设和监测按照分级管理的原则进行。旗县级以上人民政府水行政主管部门发现地下水水质发生重大变化，或者受到污染源威胁以及出现区域地下水水位明显下降的，应当及时向本级人民政府和上一级水行政主管部门报告。各级水行政主管部门应当会同有关部门建立地下水管理通报制度，定期通报地下水的取水许可审批、开采量、水质、水位动态以及凿井等情况。

（6）对法律责任进行了规定。违反管理办法规定的行为，《中华人民共和国水法》《取水许可和水资源费征收管理条例》《内蒙古自治区实施〈中华人民共和国水法〉办法》等有关法律法规已经作出具体处罚规定的，从其规定。有未按照要求安装地下水监测设施等六项行为之一的由旗县级以上人民政府水行政主管部门责令限期改正；逾期不改正的，处以1万元以上3万元以下罚款。

（四）水权转换阶段成效

盟市内水权转换工作的开展，取得了农民、企业、政府的"共赢"，破解了内蒙古自治区水资源短缺的瓶颈制约，带来了巨大的经济、社会和环境效益。盟市内水权转换取得的显著效果，主要体现在以下三个方面：

（1）农民得利。水权转换后，灌区输水渠道特别是末级渠系的输水条件得到了极大改善，为农业生产供水提供了保障。根据鄂尔多斯市黄河南岸灌区调查，渠道衬砌后，灌水时间由节水前的 15d 缩短到 5～7d，亩均水费减少了 18 元，比 2003 年以前节省了 1/3。

（2）企业得利。工业项目通过建设引黄灌区节水改造工程获得了水权，有了用水保障，为企业安心开展工业生产奠定了基础。自 2003 年开展内蒙古黄河流域盟市内水权转换工作以来，已批复沿黄盟市转换水量 3.32 亿 m³/a，为 50 多个大型工业项目提供了用水指标。

（3）地方政府得利。地方政府改善了当地农业灌溉基础设施，超用黄河水量逐年递减，为沿黄灌区筹措了 30 多亿元节水改造资金，进一步使得鄂尔多斯市、包头市、阿拉善盟、乌海市的新增工业项目落地，极大地提升了地方财税收入和就业水平，促进了水资源从低效益行业向高效益行业流转。

二、盟市间水权转让阶段❶（2013—2016 年）

（一）水权转让阶段背景

2010—2013 年，我国经济较快发展，综合国力大幅提升，但发展进程中的不平衡、不协调、不可持续问题依然突出，产业结构不合理，农业基础薄弱，资源环境约束加剧。根据"十二五"规划，国家要着重同步推进工业化、城镇化和农业现代化，坚持工业反哺农业，进一步加强水资源节约，实行最严格的水资源管理制度，加强用水总量控制与定额管理，严格水资源保护，加快制定江河流域水量分配方案，加强水权制度建设，建设节水型社会；要构建生态安全屏障，加强重点生态功能区保护和管理，增强涵养水源、保持水土、防风固沙能力；要推进包括河套灌区在内的国家农产品主产区的农业结构战略性调整，加强农业节水等领域的农业科技创新，全面加强农田水利建设，完善建设和管护机制，加快大中型灌区、灌排泵站配套改造，在水土资源丰富地区适时新建一批灌区，搞好抗旱水源工程建设，推进小型农田水利重点县建设，完善农村小微型水利设施。2011 年，国务院出台了《关于进一步促进内蒙古自治区经济社会又好又快发展的若干意见》（国发〔2011〕21 号），明确提出"加快水权转换和交易制度建设，在内蒙古自治区开展跨行政区域水权交易试点"。2012 年 11 月，党的十八大强调我国要大力推进生态文明建设，全面促

---

❶ 这一阶段的水权有偿出让采取的是在盟市间开展"灌区—企业"点对面（多对多）协议转让交易，在政府配置的基础上不断引入市场要素参与交易过程。

进水资源节约，推动资源利用方式根本转变，加强生态文明制度建设，完善最严格水资源管理制度，积极开展水权交易试点。2013 年 11 月，党的十八届三中全会明确要求推行水权交易制度。

2013 年内蒙古自治区地区生产总值较 2010 年增长 0.52 亿元，增长率高达 44.44%，年均增幅 13.04%。随着内蒙古自治区经济社会的发展和京津冀地区对清洁能源需求的加大，工业项目需水量大幅增加。据统计，仅鄂尔多斯市因无用水指标而无法开展前期工作的项目就有 100 多个，需水缺口达 5 亿 m^3/a 左右。通过 2003—2013 年开展的盟市内水权转换工作，鄂尔多斯市黄河南岸、阿拉善盟李井滩等灌区节水潜力已不大，内蒙古黄河流域仅剩河套灌区拥有较为充裕的节水潜力。河套灌区是内蒙古自治区的用水大户，引黄水量占全区引黄总水量的 80%，2013 年巴彦淖尔市河套灌区引黄用水量占地区总用水量的 95.17%，灌溉用水量占地区总用水量的 98.67%，而其灌溉水利用系数只有 0.4 左右，用水效率低，据测算节水空间在 10 亿 m^3/a 左右。

在水利部和黄委的大力支持下，内蒙古自治区在原有盟市内水权转换的基础上，于 2013 年开展了盟市间水权转让工作。盟市间水权转让工程分三期实施，转让工程完成后可转让水量 3.6 亿 m^3/a，减少超用挤占黄河生态用水量约 6 亿 m^3/a，为内蒙古自治区经济社会可持续发展提供水资源支撑。总体来看，盟市间水权转让实现了水资源管理从政府配置向市场化运作的过渡转变，是贯彻落实中共中央、国务院关于水权试点部署的重要举措，为内蒙古自治区建设国家清洁能源基地以及落实最严格水资源管理制度提供有力支撑。

（二）水权转让阶段典型工程

2014 年，水利部将内蒙古自治区列为全国七个水权试点之一，试点任务是通过在河套灌区沈乌灌域开展节水工程，在巴彦淖尔市、鄂尔多斯市、阿拉善盟三盟市探索开展盟市间水权转让、建立健全水权交易平台、开展水权交易制度建设和探索相关改革。试点期限为 2014 年 7 月至 2017 年 11 月。2014 年 4 月，黄委印发《关于内蒙古自治区黄河干流水权盟市间转让河套灌区沈乌灌域试点工程可行性研究报告的批复》（黄水调〔2014〕147 号），明确同意通过开展节水改造，实现节约水量 2.35 亿 m^3/a、可转让水量 1.20 亿 m^3/a 的目标。灌区实施节水改造后，节水量为 1.44 亿 m^3/a，按照农业向工业水权转让不同保证率的换算，盟市间可转让给工业的水权指标为 1.20 亿 m^3/a，压超水量为 0.91 亿 m^3/a。经内蒙古自治区人民政府同意，1.20 亿 m^3/a 的转让水量指标分批次动态配置给相关单位。

1. 试点工程区概况

河套灌区是全国三个特大型灌区之一，也是我国最大的一首制自流引黄灌区，位于内蒙古自治区巴彦淖尔市，地处河套平原，东西长 250km，南北宽 50km，总土地面积为 1679.31 万亩，总灌溉面积为 861.54 万亩，净引黄河水量为 46.79 亿 m³/a，净耗水量为 43.04 亿 m³/a（2000—2010 年）。灌区由总干渠及 11 条干渠控制灌溉输水，由总排干渠控制排水，分乌兰布和、解放闸、永济、义长、乌拉特五大灌域。河套灌区是国家和内蒙古自治区重要的粮、油、糖、蔬菜、瓜果生产基地，同时也是内蒙古自治区在黄河干流上最大的黄河水用户。

沈乌灌域地处乌兰布和沙漠东北部，是乌兰布和灌域的主要灌溉区域，具有引水口独立、空流渠段长、渗漏损失大、用水效率低、便于计量等特点，易实现"可计量、可考核、可控制"的基本要求。因此，盟市间水权转让试点工程选择在河套灌区沈乌灌域。具体来看，沈乌灌域由三盛公水利枢纽上游的沈乌引水口引水，是乌兰布和灌域的主要灌溉区域，总灌溉面积为 87.17 万亩，约占乌兰布和灌域灌溉面积的 90%，占河套灌区 861.54 万亩灌溉面积的 10.12%。现状总灌溉面积为 87.17 万亩，其中引黄灌溉面积为 78 万亩，井渠结合灌溉面积为 6.56 万亩，纯井灌灌溉面积为 2.61 万亩。总灌溉面积中农田面积为 68.95 万亩，草地面积为 6.19 万亩，林地面积为 12.03 万亩，林草地合计面积为 18.22 万亩。沈乌灌域地处乌兰布和沙漠东北部，地貌特征属于内陆高平原河套盆地。一干渠灌溉范围为沙地，东风分干渠灌溉范围属于河套平原区。工程区属于温带大陆性干旱气候带，区内降水稀少，蒸发强烈，干燥多风，多年平均年降水量为 139.82mm，多年平均年蒸发量为 2505.20mm（20cm 蒸发皿），平均冻结深度为 85～110.8cm，封冻期为 11 月中旬至翌年 5 月中旬，无霜期为 134～150d。试点工程区总灌溉面积为 87.16 万亩，分两大区域，分别由一干渠和东风分干渠控制。一干渠控制灌溉面积为 62.64 万亩，一干渠长度为 44.67km，下设一、二、三、四分干渠，合计长度为 89.83km；东风分干渠控制灌溉面积为 24.52 万亩，东风分干渠长度为 45.60km。河套灌区沈乌灌域节水改造工程总投资为 18.65 亿元，工程节水量为 2.35 亿 m³/a。

2. 工程建设总体目标

针对沈乌灌域试点工程区的特点和存在的问题，试点工程对灌域的输配水渠道工程、田间灌溉工程进行全面的节水改造和配套建设，使灌区实现高效输水、合理配水、适时灌溉、高效节水、安全运行，同时建设测流量水、监测调度管理信息传输系统，做到准确计量、适时调度、科学管理。实现节水、增产、增效，缓解内蒙古沿黄地区水资源供需矛盾，实现经济社会可持续发展，为全面建成小康社会提供支撑：①对斗以上的输配水渠道进行节水改造和配套建设，提高输配水效率；②将灌区内现有的地下水条件较好、土地流转规模经营的井灌区，改造为运行可靠、使用方便、增产、增效、高效节水的滴灌区；③通过渠系建设、畦田改造，实现畦田高效灌溉；④调整灌区种植结构，实现农牧业生产、生态环境协调发展；⑤配套完善调度管理设施设备，加强用水组织建设，建设完善的信息化监测、调度、管理系统。

3. 工程建设主要做法

（1）积极协调解决林木采伐等社会问题。在整个试点过程中，内蒙古自治区各级党委、政府站在全局和战略高度，加大指导、协调和督察力度，加强政策支持，及时解决水权转让过程中出现的重大问题，为工程按期完工提供了坚实的保障：①自治区领导和地方政府、河套灌区建设管理部门积极主动，多次召开专题会议，协调解决工程建设中涉及的大量通信设施和林木采伐后的临时占地等问题；②针对建设过程中受让企业资金不能及时到位，水权建设管理部门根据资金到位情况合理安排灌区节水工程项目建设进度和施工计划；③统筹合理调节农业灌溉生产和项目建设矛盾交叉问题，在整个试点过程中，灌区的灌溉期及施工期基本处于重叠状态，河套灌区建设管理部门充分考虑渠道正常运行情况，对项目施工期进行统筹安排、合理调整，整个建设过程有序开展，没有发生因试点工程建设影响农民灌溉生产的现象。

（2）研究改进施工工艺，为工程建设提供技术保障。

1）改进模袋混凝土渠道衬砌施工工艺。模袋混凝土配合比对泵送效果影响很大，也是决定混凝土质量的重要参数。工程建设单位委托第三方开展了模袋混凝土衬砌渠道渠床糙率系数标定试验、渠道现役模袋混凝土抗冻性指标测试评估、渠道 C20 模袋混凝土实验室配合比试验研究等工作，积累了渠道模袋混凝土坍落度、渠道糙率等重要施工技术参数，为工程施工提供了宝贵且有价值的资料，推动了试点工程的有序进行。

2）U 形田口闸等渠道配套建筑物采用工厂化生产，大批量预制，有效缩短了施工工期。田间工程项目实施过程中，田口闸数量大，现浇混凝土费工又费时，在建设过程中，内蒙古河套灌区管理总局（以下简称"河灌总局"）建设管理处技术人员深入基层农户调查研究，提出了一种方便农民管理使用的 U形田口闸设计方案，这种 U 形田口闸具有止水密封效果好、管理运行方便等特点。U 形田口闸设计方案定型后，深受广大农户欢迎。河灌总局建设管理处组织进行工厂化生产、蒸汽集中养护，大批量预制，装配式施工。既缩短了施工工期，又提高了建筑物质量，已申请获得国家专利。

（3）采用信息化技术，提高试点项目现代化水平。试点工作开展以来，内蒙古自治区坚持创新管理理念，以水利信息化带动水利现代化：①采用雷达波技术进行渠道测流，该技术具有与水不接触、不收缩断面、不节流、不影响渠道输水、运行维护简单、测量快速等特点，形成了一套灌区自动化测流全新解决方案；②新建灌区功能性电子沙盘，该沙盘能够演示灌区渠道布局和地形特征，实时查询和显示渠道运行数据、图像等灌区各类信息，为灌区运行管理带来了方便。

（4）严格履行建设程序，及时办理工程合同变更手续。由于水权试点工程设计成果完成较早，水权试点工程建设实施时，原规划的部分渠道已通过国土、农业等部门安排资金完成了衬砌。因此，实际实施过程中需对原设计渠道进行变更调整。另外，为满足农民灌溉需求，实施过程中新增了部分斗渠田口闸门。灌区节水改造工程建设单位会同设计、监理等部门，根据实际情况及时报送设计变更申请，及时办理了设计和工程合同变更签证手续，有效保障了工程建设进度。

（5）探索引导金融产品支持节水工程建设。为了充分发挥内蒙古自治区水利投融资平台作用，保障水权试点这一重大项目建设顺利进行，落实内蒙古自治区人民政府 2013 年第九次主席办公会议精神，在节水工程建设过程中，针对水权中标企业在办理履约担保时遇到的实际困难，水权中心积极协调内蒙古水务投资（集团）有限公司和内蒙古蓝筹融资担保股份有限公司参与水权试点工程项目建设。以往利用银行办理履约担保需要中标企业提供中标额度 10％ 的足额资金抵押，造成中标企业大量的资金沉淀，同时银行办理时需提供复杂资料，且周期长，影响节水工程建设施工进度。内蒙古蓝筹融资担保股份有限公司专门针对黄河干流盟市间水权转让工程创新设计了"水源保"履约担保产品，该产品不需要提供抵押物，具有综合成本低、办理手续简便等特点，深受水权中标企业欢迎。内蒙古蓝筹融资担保股份有限公司累计为 4.3 亿元水权试点工程提供履约担保，使得中标企业的履约担保金从 4300 万元（4.3 亿元×10％＝4300 万元）降低为不足 100 万元（4300 万元×2％＝86 万元），大大增加了中标企业的资金流动性，使中标企业将更多的资金投入到项目建设施工中，有力推动了节水工程建设的顺利实施。

4. 工程效果

（1）节水效果。

1）渠道衬砌。如表 1-1 和表 1-2 所示，渠道衬砌后，灌域各级渠道水利用系数明显提高，其中干渠渠道水利用系数提高了 11.74％，分干渠提高了 10.92％，支渠提高了 7.35％，斗渠提高了 8.02％，衬砌后沈乌灌域渠系水利用系数提高了 33.60％。衬砌前渠系水利用系数与可研结果相差 3.89％，衬砌后渠系水利用系数与可研结果相差 2.07％。

总体来看，盟市间水权转让工程衬砌渠道 519 条，衬砌长度为 858.4km，共计节水量为 12370.49 万 m³，其他项目衬砌渠道 290 条，衬砌长度为 540.5km，共计节水量为 3237.79 万 m³，沈乌灌域渠道衬砌共计节水量为 15608.28 万 m³，比可研节水量增加 904.19 万 m³，详见表 1-3 和表 1-4。

表 1 - 1　　　　　　　　　灌域各级渠道水利用系数统计

渠道级别	渠 道 名 称	渠道水利用系数		
		衬砌前	衬砌后	提高比例/%
干渠	一干渠渠首至一闸	0.8473	0.9201	8.59
	一干渠一闸至二闸	0.8584	0.9150	6.59
	一干渠二闸至三闸	0.7494	0.9159	22.22
	一干渠全渠道	0.8209	0.9173	11.74
分干渠	建设一分干渠	0.8398	0.9149	8.94
	建设二分干渠	0.8365	0.9160	9.50
	建设三分干渠	0.8540	0.9583	12.21
	建设四分干渠	0.8335	0.9315	11.76
	东风分干渠	0.8502	0.9493	11.66
	平均	0.8430	0.9350	10.91
支渠		0.8542	0.9170	7.35
斗渠		0.8904	0.9618	8.02

表 1 - 2　　　　　　　　　灌域衬砌前后渠系水利用系数变化

渠系水利用系数	衬砌前	衬砌后	提高/%
评估结果	0.6035	0.8063	33.60
可研结果	0.6270	0.8230	31.26
相差/%	3.89	2.07	—

表 1 - 3　　　采用渠道水利用系数计算的沈乌灌域渠道衬砌后节水量

渠道类型	条数/条	平均运行流量/(m³/s)	渠道水利用系数		衬砌前平均运行天数/d	衬砌后平均运行天数/d	衬砌前损失水量/万 m³	衬砌后损失水量/万 m³	节水量/万 m³	可研节水量/万 m³
			衬砌前	衬砌后						
干渠	1	30.24	0.8209	0.9173	106	95	4961.04	2050.65	2910.39	2453.63
分干渠	1	7.64	0.8398	0.9149	106	97	1121.17	546.73	574.44	512.09
	1	7.96	0.8365	0.9160	106	97	1191.57	559.43	632.14	987.24
	1	6.54	0.8540	0.9583	106	94	874.73	222.82	651.91	507.29
	1	10.25	0.8335	0.9315	106	95	1563.23	575.32	987.91	1000.37
	1	20	0.8502	0.9493	105	94	2718.73	823.86	1894.87	1744.51
支渠	37	1.36	0.8542	0.9170	60	56	3803.52	2017.47	1786.05	3372.96
干斗渠	150	0.41	0.8904	0.9618	40	37	2329.48	751.64	1577.84	4125.50
斗渠	326	0.24	0.8904	0.9618	27	25	2000.40	645.46	1354.94	
合计	519	—	—	—			20563.87	8193.38	12370.49	14703.59

表 1－4 其他项目节水量计算表

渠道类型	条数/条	平均运行流量/(m³/s)	渠道水利用系数		衬砌前平均运行天数/d	衬砌后平均运行天数/d	衬砌前损失水量/万 m³	衬砌后损失水量/万 m³	节水量/万 m³
			衬砌前	衬砌后					
分干渠	0	6.54	0.8430	0.9350	106	96	940.66	350.83	589.83
支渠	19	1.36	0.8542	0.9170	60	56	1953.16	1036.00	917.16
干斗渠	95	0.41	0.8904	0.9618	40	37	1475.34	476.04	999.30
斗渠	176	0.24	0.8904	0.9618	27	25	1079.97	348.47	731.50
合计	290	—	—	—	—	—	5449.13	2211.34	3237.79

2）畦田改造。通过计算典型田块改造后亩均节水量，进而根据各渠道控制面积加权，计算得到沈乌灌域生育期平均节水量为 64.57m³/亩，节水效果详见表 1－5。

表 1－5 畦田改造节水效果

渠道名称	面积/万亩	土壤类型	比例/%	畦田规格/亩	比例/%	亩均节水量/(m³/亩)	平均节水量/(m³/亩)		
							土壤类型	渠域	灌域
东风分干渠	21.77	壤砂土	32.87	3	8.3	96	54.71		
				2.5	14.1	72			
				2	66.8	53			
				1	10.8	11			
		砂壤土	65.06	3	8.3	112	35.81	42.64	
				2.5	14.1	61			
				2	66.8	26			
				1	10.8	5			
		砂土	2.07	3	8.3	130	65.95		64.57
				2.5	14.1	107			
				2	66.8	54			
				1	10.8	37			
一干渠直属	9.51	壤砂土	68.56	3	41.1	107	84.30		
				2.5	21.9	83		81.42	
				2	33.1	64			
				1	3.9	22			
		砂壤土	29.3	3	41.1	89	75.04		
				2.5	21.9	83			
				2	33.1	59			
				1	3.9	17			

续表

渠道名称	面积/万亩	土壤类型	比例/%	畦田规格/亩	比例/%	亩均节水量/(m³/亩)	平均节水量/(m³/亩)		
							土壤类型	渠域	灌域
一干渠直属	9.51	砂土	2.14	3	41.1	110	76.29	81.42	
				2.5	21.9	87			
				2	33.1	34			
				1	3.9	17			
建设一分干渠	5.12	壤砂土	61.45	3	46.2	106	85.31	84.22	
				2.5	23.7	82			
				2	25.2	63			
				1	4.9	21			
		砂壤土	4.59	3	46.2	107	87.12		
				2.5	23.7	83			
				2	25.2	67			
				1	4.9	23			
		砂土	33.96	3	46.2	111	81.84		64.57
				2.5	23.7	88			
				2	25.2	35			
				1	4.9	18			
建设二分干渠	8.85	壤砂土	52.12	3	46.4	115	97.87	85.42	
				2.5	33.6	91			
				2	18.9	72			
				1	1.1	30			
		砂壤土	42.74	3	46.4	77	69.22		
				2.5	33.6	70			
				2	18.9	52			
				1	1.1	13			
		砂土	5.14	3	46.4	117	93.89		
				2.5	33.6	94			
				2	18.9	41			
				1	1.1	24			
建设三分干渠	2.43	壤砂土	50.86	3	43.4	79	54.88	53.36	
				2.5	8.9	55			
				2	43.1	36			
				1	4.6	4			

渠道名称	面积/万亩	土壤类型	比例/%	畦田规格/亩	比例/%	亩均节水量/(m³/亩)	平均节水量/(m³/亩) 土壤类型	平均节水量/(m³/亩) 渠域	平均节水量/(m³/亩) 灌域
建设三分干渠	2.43	砂壤土	41.66	3	43.4	76	50.33	53.36	64.57
				2.5	8.9	61			
				2	43.1	27			
				1	4.6	6			
		砂土	7.48	3	43.4	99	59.92		
				2.5	8.9	76			
				2	43.1	23			
				1	4.6	6			
建设四分干渠	14.71	壤砂土	39.64	3	56.9	88	70.11	68.57	

黄河水畦灌改造（以下简称"黄河水畦灌"）、黄河水与地下水畦灌改造（以下简称"黄河水与地下水畦灌"）、黄河水与地下水畦灌改造为秋浇黄河水与生育期地下水滴灌［以下简称"秋浇（黄河水）"］三种情况节余黄河水量为 6143.29 万 m³（表 1-6），与《内蒙古黄河干流水权盟市间转让河套灌区沈乌灌域试点工程可行性研究报告》（以下简称《可研》）节余黄河水量相比较减少 407.71 万 m³。

表 1-6 畦田改造工程实施后节水量与《可研》批复的规划节水量比较

项目	黄河水畦灌 面积/万亩	黄河水畦灌 节水量/万 m³	黄河水与地下水畦灌 面积/万亩	黄河水与地下水畦灌 节水量/万 m³	秋浇（黄河水） 面积/万亩	秋浇（黄河水） 节水量/万 m³	合计 面积/万亩	合计 节水量/万 m³
规划	62.30	6063	4.20	488	0	0	66.50	6551
实施后	60.20	5942.94	1.27	137.72	3.00	62.63	65.37	6143.29

3）畦灌改滴灌。根据试点工程实施情况，灌域畦灌改滴灌的类型分为 5 种：①黄河水畦灌改为地下水滴灌（以下简称"黄畦改井滴"）；②井渠双灌改为地下水滴灌（以下简称"井渠双灌改井滴"）；③井渠双灌改为黄河水春灌或秋浇一次加地下水滴灌（以下简称"井渠双灌改黄畦＋井滴"）；④黄河水畦灌改为黄河水滴灌（以下简称"黄畦改黄滴"）；⑤地下水畦灌改为地下水滴灌（以下简称"井畦改井滴"）。不同改造类型亩均节水效果分别为：黄畦改井滴 378.67m³/亩、井渠双灌改井滴 208.33m³/亩、井渠双灌改黄灌＋井滴 81.67m³/亩、黄畦改黄滴 185.37m³/亩。不同改造类型节水效果见表 1-7。

表1-7　　　　　　　　　　不同改造类型节水效果　　　　　　　单位：m³/亩

分区	黄河水秋浇或春灌灌溉定额	生育期黄河水灌溉定额	亩均节水量
改造类型	黄畦改井滴		
一干渠直属	123	255	378
建设二分干渠	121	258	379
建设四分干渠	124	255	379
平均			378.67
改造类型	井渠双灌改井滴		
一干渠直属	123	85	208
建设一分干渠	129	81	210
建设二分干渠	121	78	207
平均			208.33
改造类型	井渠双灌改黄畦＋井滴		
东风干渠		74	74
一干渠直属		85	85
建设一分干渠		81	81
建设二分干渠		86	86
建设三分干渠		79	79
建设四分干渠		85	85
平均			81.67
改造类型	黄畦改黄滴		
建设二分干渠	379	193.63	185.37
平均			185.37

灌域畦灌改滴灌的田间节水量为 2293.62 万 m³，根据灌域渠系水利用系数推算沈乌取水口节水量为 3482.09 万 m³，详见表1-8和表1-9。

表1-8　　　　　不同改造类型田间及沈乌取水口节水量统计表

项目	面积/万亩	亩均节水量/(m³/亩)	田间节水量/(m³/亩)	沈乌取水口节水量/万 m³
改造类型	黄畦改井滴			
一干渠直属	1.16	378	438.48	674.17
建设二分干渠	0.15	379	56.85	87.41
建设四分干渠	2.53	379	958.87	1474.28
小计	3.84		1454.20	2235.86
改造类型	井渠双灌改井滴			
一干渠直属	0.66	208	137.28	211.07
建设一分干渠	0.03	210	6.30	9.69

项目	面积/万亩	亩均节水量/(m³/亩)	田间节水量/(m³/亩)	沈乌取水口节水量/万m³
建设二分干渠	0.30	207	62.10	95.48
小计	0.99		205.68	316.24
改造类型	井渠双灌改黄灌＋井滴			
东风干渠	2.08	74	153.92	214.72
一干渠直属	1.06	85	90.10	138.53
建设一分干渠	0.66	81	53.46	82.20
建设二分干渠	0.31	86	26.66	40.99
建设三分干渠	1.16	79	91.64	140.89
建设四分干渠	1.91	85	162.35	249.62
小计	7.18		578.13	866.95
改造类型	黄畦改黄滴			
建设二分干渠	0.30	185.37	55.61	63.04
小计	0.30		55.61	63.04
合计	12.76		2293.62	3482.09

表 1-9　　按渠域分析不同改造类型沈乌取水口节水量对比表

改　造　类　型		黄畦改井滴	井渠双灌改井滴	井渠双灌改黄灌＋井滴	黄畦改黄滴	井畦改井滴	合计
东风渠域	面积/万亩			2.08		0.35	2.43
	节水量/万m³			214.72			214.72
一干渠直属	面积/万亩	1.16	0.66	1.06		0.08	2.96
	节水量/万m³	674.17	211.07	138.53			1023.77
建设一分干渠	面积/万亩		0.03	0.66		0.02	0.71
	节水量/万m³		9.69	82.20			91.89
建设二分干渠	面积/万亩	0.15	0.30	0.31	0.30		1.06
	节水量/万m³	87.41	95.48	40.99	63.04		286.92
建设三分干渠	面积/万亩			1.16			1.16
	节水量/万m³			140.89			140.89
建设四分干渠	面积/万亩	2.53		1.91			4.44
	节水量/万m³	1474.28		249.62			1723.90
总计	面积/万亩	3.84	0.99	7.18	0.30	0.45	12.76
	节水量/万m³	2235.86	316.24	866.95	63.04		3482.09

（2）对区域生态环境的影响。

1）地下水环境。对比 2016—2018 年沈乌灌域地下水埋深发现，2018 年和 2017 年分别较 2016 年增加 0.21m 和 0.16m，见表 1-10。

表 1-10　　　　　　　　　　灌域地下水埋深均值

年　　份	地下水埋深均值/m
2016	2.94
2017	3.10
2018（截至 11 月）	3.15

对比灌域不同地下水埋深所占比例，0～3m 地下水埋深所占比例逐年减少，3～5m 所占比例逐年增加。其中，变化最明显的为 2～4m，2～3m 所占比例 2018 年较 2016 年减少 14.56%，3～4m 所占比例 2018 年较 2016 年增长 10.76%，见表 1-11。

表 1-11　　　　　　　灌域不同地下水埋深分布情况统计表

年份	不同地下水埋深所占比例/%					
	0～1m	1～2m	2～3m	3～4m	4～5m	＞5m
2016	0.05	5.25	63.97	21.14	5.85	3.74
2017	0.04	5.17	54.49	26.80	8.70	4.81
2018（截至 11 月）	0	3.56	49.41	31.90	10.18	4.94

通过统计 2016—2018 年地下水埋深和 2016 年夏灌前与 2018 年秋浇后不同地下水埋深所占比例，可知整个灌域大部分区域地下水埋深为 2～3m。

对比夏灌前不同地下水埋深所占比例，夏灌前 0～1.5m 地下水埋深所占比例为 1.16%～1.55%，1.5～2m 所占比例为 6.18%～8.09%，2～2.5m 所占比例为 20.13%～34.61%，2.5～3m 所占比例为 27.93%～36.06%，3～3.5m 所占比例为 13.16%～16.40%，3.5～4m 所占比例为 7.92%～9.31%，4～4.5m 所占比例为 2.22%～5.16%，4.5～5m 所占比例为 1.33%～4.55%，大于 5m 所占比例为 3.72%～4.16%。

对比夏灌后不同地下水埋深所占比例，夏灌后 0～1.5m 地下水埋深所占比例为 0.47%～6.42%，1.5～2m 所占比例为 2.83%～11.87%，2～2.5m 所占比例为 13.27%～35.74%，2.5～3m 所占比例为 23.70%～29.99%，3～3.5m 所占比例为 10.58%～21.79%，3.5～4m 所占比例为 4.91%～14.70%，4～4.5m 所占比例为 2.50%～8.28%，4.5～5m 所占比例为 1.56%～7.8%，大于 5m 所占比例为 3.43%～4.87%。

对比秋浇前不同地下水埋深所占比例，秋浇前 0～1.5m 地下水埋深所占

比例为 0~0.17％，1.5~2m 所占比例为 0.44％~1.32％，2~2.5m 所占比例
为 3.32％~9.08％，2.5~3m 所占比例为 11.16％~38.44％，3~3.5m 所占
比例为 27.16％~29.93％，3.5~4m 所占比例为 11.55％~33.22％，4~
4.5m 所占比例为 5.62％~11.83％，4.5~5m 所占比例为 2.56％~5.34％，
大于 5m 所占比例为 4.49％~6.52％。

对比秋浇后不同地下水埋深所占比例，秋浇后 0~1.5m 地下水埋深所占
比例为 9.68％~13.41％，1.5~2m 所占比例为 14.00％~22.96％，2~2.5m
所占比例为 16.09％~28.59％，2.5~3m 所占比例为 14.68％~24.14％，3~
3.5m 所占比例为 5.84％~12.36％，3.5~4m 所占比例为 4.70％~10.57％，
4~4.5m 所占比例为 2.81％~6.29％，4.5~5m 所占比例为 2.11％~3.10％，
大于 5m 所占比例为 3.80％~5.06％。

通过对比不同灌溉期地下水埋深所占比例，可知一干渠下游地区、建设一
分干渠末端地下水埋深较深，灌域中部地区地下水埋深在 2018 年和 2017 年秋
浇前有明显增加，增加幅度为 0.34~1.15m，整个灌域地下水埋深呈以年为周
期的周期性变化。

2018 年灌域大部分地区地下水埋深为 2.5~3.5m，一干渠末端和建设一分
干渠下游区域地下水埋深达到 5m 以上，建设二分干渠中游、建设三分干渠上中
游、建设四分干渠中游地下水埋深较深，为 3.5~4.5m，东风干渠中下游、建设
二分干渠下游、建设四分干渠偏北地区地下水埋深较浅，在 1.5m 以内。

对比 2016 年与 2018 年地下水埋深变化可知，整个灌域由东向西变化幅度
增大，东风渠渠域地下水埋深变化幅度较小，一干渠内建设三分干渠、建设四
分干渠变化幅度较大。

灌域地下水水位平均值 2018 年较 2016 年降低 0.24m，见表 1-12。

表 1-12   2016—2018 年地下水水位变化数据

年 份	平均值/m	年 份	平均值/m
2018	1041.84	2016	1042.08
2017	1041.98		

对比 2016 年与 2018 年地下水矿化度均值变化可知，除一干渠直属农田区
地下水矿化度有所上升以外，其余区域地下水矿化度均有所下降。其中，沙荒
地、建设三分干渠农田区、东风干渠农田区、建设四分干渠农田区地下水矿化
度下降幅度较大，分别下降了 53.05％、52.89％、51.50％和 51.11％；盐碱
地、建设二分干农田区、建设一分干农田区、渠道旁、湖泊旁分别下降了
39.54％、37.27％、36.11％、34.99％和 28.61％；一干渠直属农田区略有增
加，上升了 0.79％，如图 1-1 所示。

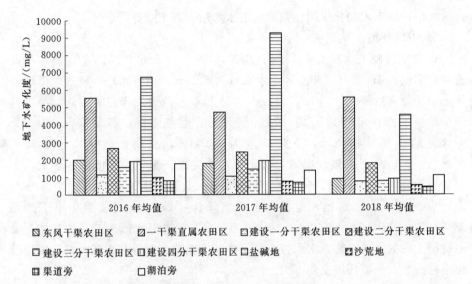

图例：
☑ 东风干渠农田区　　　☑ 一干渠直属农田区　　　⬚ 建设一分干渠农田区　　　▤ 建设二分干渠农田区
☐ 建设三分干渠农田区　　☐ 建设四分干渠农田区　　☐ 盐碱地　　　　　　　　⊞ 沙荒地
⊞ 渠道旁　　　　　　　　☐ 湖泊旁

图 1-1　地下水水质变化图

按照地下水矿化度分级标准（表 1-13），对 2016 年夏灌前至 2018 年秋浇前地下水水质变化进行分析。结果显示，淡水分布面积 2016 年夏灌前最小，仅为灌域总面积的 16.78%；2017 年秋浇后最大，为灌域总面积的 62.91%。而微咸水分布面积 2016 年夏灌后最大，为灌域总面积的 48.73%；2017 年秋浇后最小，为灌域总面积的 16.71%。而盐水分布面积占灌域总面积的比例为 0~21%。整体上灌域地下水水质以淡水和微咸水为主，且 2016—2018 年同时段有变好趋势。

表 1-13　　　　　　　　　　　　地下水矿化度分级标准

分类	淡水	微咸水	咸水	盐水	卤水
地下水矿化度/(mg/L)	<1000	1000~3000	3000~10000	10000~50000	>50000

地下水矿化度整体上呈下降趋势，2017 年最大值增大主要是由于有一盐碱地处的地下水矿化度增大，见表 1-14。

表 1-14　　　　　　　　　　　　地下水矿化度统计

项　　目	2016 年	2017 年	2018 年
均值/(mg/L)	2516	2585	1388
最大值/(mg/L)	27860	61350	15610
最小值/(mg/L)	296	219	167

综上所述，整个区域地下水水质以淡水和微咸水为主，地下水开采和灌溉

补给加快，地下水淡化作用加强，地下水水质有逐年变好的趋势。

2）土壤环境。

a. 渠道衬砌工程对土壤环境的影响。如图 1-2 所示，2015 年沈乌灌域渠道衬砌率仅为 16.37%，年均地下水水位为 2.13m，地下水埋深较浅，灌域整体土壤盐分含量最大，为 3.42g/kg。2016 年节水改造工程正式实施，渠道衬砌率相较于 2015 年增加了 57.97%，地下水水位略下降，蒸发较弱，土壤盐分含量减少到 2.95g/kg，下降幅度为 13.74%，土壤盐渍化率也下降了 0.36%。2017 年沈乌灌域渠道衬砌工程基本完成，受蒸发强度影响较大，土壤盐分含量为 3.19g/kg，较 2016 年略增加，上升幅度为 8.14%。2018 年与 2012 年（现状）年相比，地下水水位下降约 0.2m，土壤盐渍化率下降到 65.72%，下降幅度为 1.52%，变化并不显著。随着节水改造工程的实施，渠道衬砌工程的完善，地下水水位有所下降，土壤盐分含量有所减小，土壤盐渍化率略减小，土壤环境变化不大。

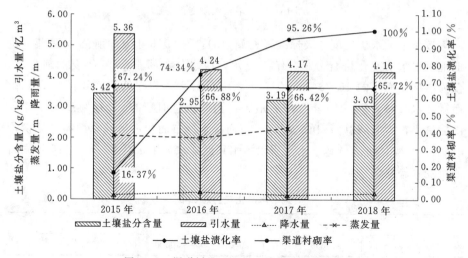

图 1-2　渠道衬砌工程对土壤盐分变化影响

b. 滴灌工程对土壤环境的影响。如图 1-3 和图 1-4 所示，滴灌工程的实施对土壤盐分变化影响不大，土壤盐分变化主要受地下水埋深和蒸发强度影响。由滴灌工程实施区域内的土壤盐分监测点监测数据分析可知，2015 年 10 月地下水埋深较小，表层土壤盐分含量最高。2016 年蒸发弱，土壤盐分含量有所下降，但 4 月地下水水位升高，土壤盐分含量较高。2017 年蒸发强烈，再加上滴灌区多处于沙区，滴灌工程实施后不再进行秋浇，灌溉淋洗盐分作用减弱，表层土壤盐分含量较 2016 年有所增加，深层变动不大。2018 年灌域降水量较大，受降水影响，土壤盐分含量有所下降，变化幅度为 3%～43%。

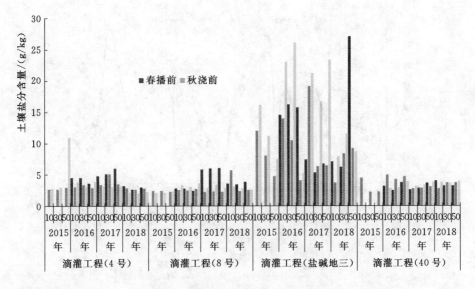

图 1-3　滴灌工程对土壤盐分变化影响

由于人类活动影响，滴灌工程实施前，在灌溉期地下水埋深上升至 1.25m 左右，有明显上升，土壤积盐明显。在 2017 年和 2018 年滴灌工程实施后，夏灌后地下水埋深下降至 2.00m 左右，2017 年为蒸发较强年份，土壤盐分含量有所上升，其余同期土壤盐分含量大部分呈下降趋势。

3）水域。沈乌灌域总面积为 279 万亩，2012 年及 2015—2018 年沈乌灌域水域密度指数见表 1-15。

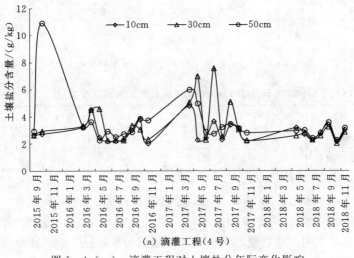

（a）滴灌工程（4 号）

图 1-4（一）　滴灌工程对土壤盐分年际变化影响

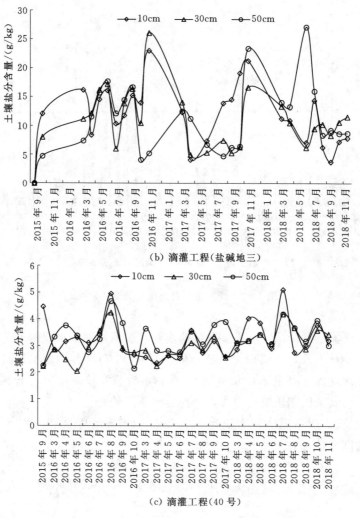

（b）滴灌工程（盐碱地三）

（c）滴灌工程（40号）

图 1-4（二）　滴灌工程对土壤盐分年际变化影响

表 1-15　　　2012 年及 2015—2018 年沈乌灌域水域密度指数

项　目	2012 年	2015 年	2016 年	2017 年	2018 年
总水域面积/万亩	13.072	13.005	12.721	14.856	12.134
水域密度指数	0.047	0.047	0.046	0.053	0.043

注　表中总水域面积指水面面积。

如表 1-15 所示，除 2017 年水域密度指数相比 2012 年略有增大外，2018 年水域密度指数相比 2012 年略有减小，但减小幅度很小，其余年份基本保持稳定。分析其原因，沈乌灌域分为一干渠灌域和东风分干渠灌域两大区域，其中一干渠灌域面积约占灌域总土地面积的 80%，一干渠灌域灌溉范围地处干旱荒漠地区，西南部与乌兰布和沙漠接壤，强大的风力在灌域灌溉范围内形成众多风蚀洼地，受农田灌溉水侧渗补给影响，农田周边的风蚀坑形成了一些面积较小的水域，而这些小水域基本上是属于临时性水域，水深浅，受外界气候条件影响显著，其面积及数量在年际间波动剧烈。

沈乌灌域节水改造工程于 2017 年 10 月全部完成，监测结果表明节水改造工程的实施对沈乌灌域内水域并没有产生显著影响。

4）天然植被。通过遥感卫片解译得出，沈乌灌域范围内 2012 年天然植被总面积为 135.82 万亩，覆盖度为 7％～62％，平均覆盖度约为 36.4％。其中，低覆盖度天然植被面积为 78.45 万亩，占灌域天然植被总面积的 58％；中覆盖度天然植被面积为 45.28 万亩，占灌域天然植被总面积的 33％；高覆盖度天然植被面积为 12.09 万亩，占灌域天然植被总面积的 9％。2016 年天然植被总面积为 118.67 万亩，覆盖度为 5％～85％，平均覆盖度约为 38.2％。其中，低覆盖度植被面积为 39.55 万亩，占灌域天然植被总面积的 33％；中覆盖度天然植被面积为 49.91 万亩，占灌域天然植被总面积的 42％；高覆盖度天然植被面积为 29.21 万亩，占灌域天然植被总面积的 25％，见表 1－16。

表 1－16　　　　　　　沈乌灌域天然植被面积统计表　　　　　　单位：万亩

分　区		2012 年				2016 年			
		合计	低覆盖度	中覆盖度	高覆盖度	合计	低覆盖度	中覆盖度	高覆盖度
沈乌灌域合计		135.82	78.45	45.28	12.09	118.67	39.55	49.91	29.21
东风分干渠灌域		22.43	8.31	11.14	2.99	19.35	4.01	7.87	7.47
一干渠灌域	小计	113.39	70.14	34.14	9.11	99.32	35.54	42.04	21.74
	一干渠直属	31.73	18.95	10.45	2.33	29.56	10.98	12.27	6.31
	建设一分干渠	15.05	8.74	5.56	0.75	9.77	1.35	5.03	3.39
	建设二分干渠	34.55	22.76	8.9	2.89	25.37	9.38	10.84	5.15
	建设三分干渠	12.78	7.54	3.45	1.79	11.59	4.19	5.11	2.29
	建设四分干渠	19.28	12.15	5.78	1.35	23.03	9.64	8.79	4.60

相对于 2012 年，2016 年灌域天然植被面积整体上减少了 17.15 万亩，减少了 12.63％，其中低覆盖度天然植被面积减少了 49.59％，中覆盖度和高覆盖度天然植被面积分别增加了 10.23％和 141.60％，如图 1－5 所示。

灌域植物种绝大多数属于盐生和中旱生的植物，共计 49 种，隶属 12 科 42 属。灌域上游植物种类丰富，共 33 种，中、下游群落物种分别为 22 种和 20 种。2015—2018 年，群落物种丰富度及组成种类整体呈波动变化，2016 年、2017 年灌域上游群落物种丰富度变化甚微，从 37 种变为 35 种，中游和下游变化依次为 20 种变为 32 种、15 种变为 25 种。2018 年灌域范围内共计出

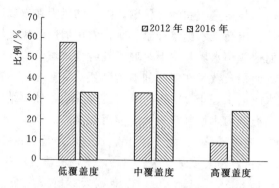

图 1-5　沈乌灌域天然植被面积变化情况

现 44 种植物，其中上游共出现 39 种植物，中游共出现 18 种植物，下游共出现 32 种植物，上游主要的优势种及建群种为芦苇、油蒿和白刺，中游是赖草、芦苇和白刺，而下游主要以芦苇为建群种。2015—2018 年，由于开荒、施工等影响，导致有一部分观测点的植物种类发生了一定的变化，甚至植物的优势种有了改变。

从盐碱地和农田两种生境上来看植被分布情况，如图 1-6 和图 1-7 所示，在土壤盐分含量较高的盐碱地上，禾本科、藜科和菊科植物占绝对优势，且所占比例几乎一致，三科所占的总比例约达 64%。而在农田和撂荒地附近，植物组成的 77% 是禾本科、豆科、菊科和藜科。豆科植物在农田或撂荒地附近作为常见种出现，而在盐碱地却变成了罕见种。这是由于盐碱地的条件较为严酷，受扰动较少，故植被成分和构成比例相对较为稳定。与此相反，农田和

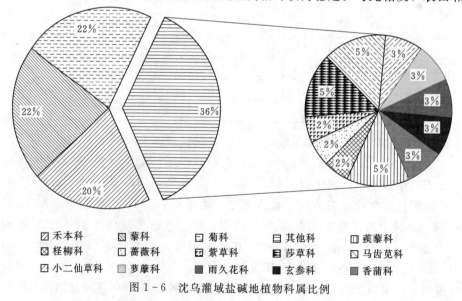

图 1-6　沈乌灌域盐碱地植物科属比例

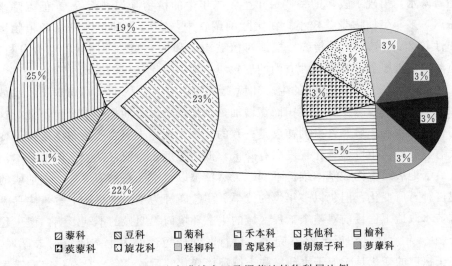

☑藜科　☐豆科　☐菊科　☐禾本科　☐其他科　☐榆科
☑蒺藜科　☐旋花科　☐柽柳科　■鸢尾科　■胡颓子科　■萝藦科

图1-7　沈乌灌域农田及撂荒地植物科属比例

撂荒地条件相对较好，受扰动较大，植被构成较为复杂。

2015—2018年，在植物生长季分别对所设观测井处的植被状况进行了调查，确定了24眼观测井周边环境为植被调查永久定点样方区，分别对上游、中游和下游样地天然植被覆盖度进行了统计分析。从分区的植被覆盖度来看，2015—2018年上游植被覆盖度较其他两个分区的覆盖度大，可达37.34%、26.22%、51.17%、30.2%；中游分别为37.22%、33.75%、42.56%、22.46%；下游分别为36.11%、32.47%、40.98%、27.78%，如图1-8所示。上游地区生境多样，包括盐碱地、湿地、林边草地、农田、人工林和撂荒地等，主要以芦苇为建群种。在观测的4年内，植被覆盖度在小幅范围内波动。根据气象资料，2016年为旱年，故其覆盖度略有降低。2018年与往年相比，植物生长前期较旱，7月中旬至8月初，降水较为集中且延续时间较长。

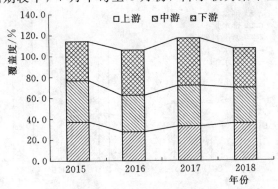

图1-8　2015—2018年灌域植被覆盖度比较

随着降水，出现了较多的一些一年生、二年生的植物（如碱蓬等）。但因降水偏迟，多年生植物受益较小。在实际的调查中，2018 年的植被密度和植物多样性较 2017 年有降低趋势。根据对植被构成和地类变动等因素的综合分析，监测区植被覆盖度和多样性方面的变化应主要归因于气候的波动性变化。

项目区 2015—2018 年的生态环境变化特点有。①从土地格局来讲，水域和天然草地面积减少，而农田面积增加，其他景观地类面积基本维持不变。这与该灌域水利建设和开发的初衷是一致的。②土地（土壤）质量基本维持不变或有所改善。土壤盐碱化程度略有降低，低覆盖度土地明显减少，裸地基本消失。③地表植被构成基本维持不变。天然植被以草本和灌木为主。个别地段的建群种有所变化，但仍以多年生的抗旱、耐盐碱种为主。从整体上看，沈乌灌域节水改造工程目前对整个工程区域的生态环境尚无明显的不利影响。但工程于 2014 年启动，2017 年基本完工，运行时间较短，许多生态效应尚未显现。由于植被的变化是响应于水环境和土壤环境变化的后续事件，具有一定的滞后性，故目前的评价尚不足以对长期的区域生态效益得出完备的结论。

5）排盐。排水量与排盐量和矿化度均呈显著相关关系，引水量与排盐量和排水量呈负相关关系。结合图 1-9 可知，随着节水改造工程的实施，2016 年渠道衬砌率由 16.37％增加到 74.34％，引水量较 2015 年有所减少，排水矿化度减小，由 1.83g/L 减小到 1.58g/L，排水量增加了 81.1 万 m³，排盐量也增加了 11049.34t。2017 年渠道衬砌率为 95.26％，沈乌灌域渠道衬砌工程基本完成，较 2015 年引水量减少了 1.19 亿 m³，排水量减少了 13 万 m³，排盐

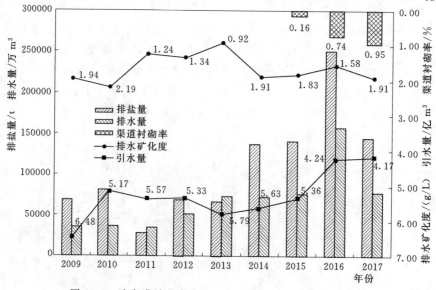

图 1-9　沈乌灌域节水改造工程对排水水质及排盐量影响

量也减少了 434.34t，排水矿化度由 1.83g/L 增加到 1.91g/L。总体上讲，随着节水改造工程的完善，渠道衬砌率增加，排水量增加，排盐量增加，排水矿化度略增加。

（3）对利益相关方影响分析。

1）农牧业用水户。

a. 田间灌溉用水量。根据灌域水情信息资料的统计，2013—2017 年沈乌灌域支渠及以下直口渠（以下简称"直口渠"）年均引用黄河水量为 29876 万 m³，其中 2013 年引用黄河水量最大，为 32977 万 m³；2016 年最小，为 26771 万 m³。与现状（2009—2012 年）年均引用黄河水量 34038 万 m³ 相比，沈乌灌域及各分干渠灌域支渠及以下直口渠引用黄河水量明显减少。2013—2017 年沈乌灌域及各干渠灌域直口渠引用黄河水情况见表 1-17 和图 1-10。

表 1-17　　　2013—2017 年沈乌灌域直口渠引用黄河水情况统计表　　单位：万 m³

分　区		现状（2009—2012 年）平均	2013 年	2014 年	2015 年	2016 年	2017 年	2013—2017 年平均
沈乌灌域		34038	32977	32237	29715	26771	27678	29876
东风分干渠		11055	11045	11209	10755	10049	8934	10398
一干渠	一干渠直属	4276	4482	4500	4021	3646	4133	4156
	建设一分干渠	3848	3615	3021	2898	2831	2818	3037
	建设二分干渠	4398	4322	4276	3969	3752	4003	4064
	建设三分干渠	3756	3417	3321	2868	2278	2477	2872
	建设四分干渠	6705	6096	5910	5204	4215	5314	5348
	小计	22983	21932	21028	18960	16722	18745	19477

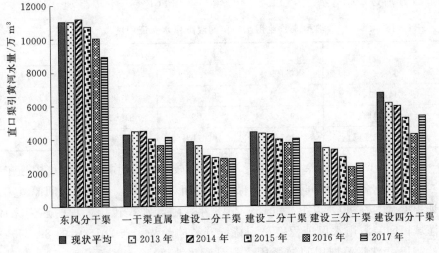

图 1-10　2013—2017 年沈乌灌域各分干渠灌域直口渠引用黄河水量

33

结合灌域渠首引用黄河水情况分析（图 1-11）可知，2013—2017 年，沈乌灌域及各分干渠灌域支渠及以下直口渠引用黄河水量虽然明显减少，但随着试点工程的实施，每年支渠及以下直口渠引用黄河水量占灌域渠首引水量的比例基本呈现递增趋势，由此可见，灌域渠首引水量减少是支渠及以下直口渠引用黄河水量减少的主要原因，在灌域渠首引水量相同的条件下，试点工程实施后支渠及以下直口渠引用黄河水量将不会小于工程实施前的引用黄河水量。

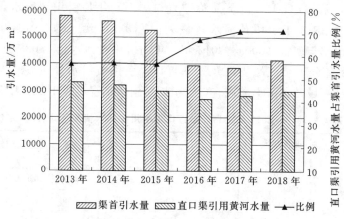

图 1-11　沈乌灌域直口渠引用黄河水量占渠首引水量比例

b. 灌溉用水保证程度。灌溉用水保证程度是指适时灌溉次数与应灌溉次数的比值。根据对 55 户典型户灌溉用水情况的调查统计，2015—2018 年沈乌灌域田间灌溉用水保证程度分别为 80.34%、65.59%、89.00%、93.77%。其中，一干渠灌域分别为 79.34%、64.08%、81.63%、88.92%；东风分干渠灌域分别为 81.33%、67.11%、96.36%、98.61%，详见表 1-18。

表 1-18　　　　　典型农牧业用水户田间灌溉用水保证程度

灌　域	年　　份			
	2015	2016	2017	2018
沈乌灌域	80.34%	65.59%	89.00%	93.77%
一干渠灌域	79.34%	64.08%	81.63%	88.92%
东风分干渠灌域	81.33%	67.11%	96.36%	98.61%

如图 1-12 所示，除 2016 年受灌域来水较小、渠道衬砌工程集中施工等因素的影响，各灌域田间灌溉用水保证程度相对较低外，各灌域田间灌溉用水保证程度基本在 80% 以上。2015—2018 年，随着水权转让工程的逐步完成，各灌域田间灌溉用水保证程度呈现持续升高的趋势。与 2015 年的 80.34% 相比，2017 年沈乌灌域田间灌溉用水保证程度为 89%，提高了 10.78%，其中

一干渠灌域、东风分干渠灌域分别为 81.63％、96.36％，较 2015 年的 79.34％、81.33％分别提高了 2.89％、18.48％；2018 年沈乌灌域田间灌溉用水保证程度为 93.77％，较 2015 年提高了 16.72％，其中一干渠灌域、东风分干渠灌域分别为 88.92％、98.61％，较 2015 年分别提高了 12.07％、21.25％。

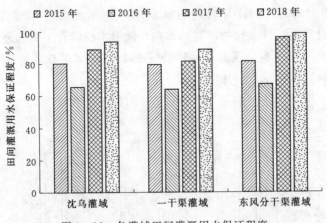

图 1-12　各灌域田间灌溉用水保证程度

c. 亩均灌溉成本。根据典型用水户调查数据的统计分析，2015 年、2016 年和 2017 年沈乌灌域亩均灌溉水费分别为 38.1 元/亩、34.9 元/亩和 40.1 元/亩。其中，一干渠灌域分别为 34.3 元/亩、31.1 元/亩和 37.7 元/亩，东风分干渠灌域分别为 47.7 元/亩、44.8 元/亩和 46.5 元/亩。2016 年沈乌灌域亩均灌溉水费为 34.9 元/亩，较 2015 年的 38.1 元/亩降低了 8.40％。由于 2017 年水价调整，10 月 1 日及以后超计划供水水价较 2016 年上涨了 0.003 元/m³，2017 年亩均灌溉水费为 40.1 元/亩，较 2016 年增加了 14.90％，如图 1-13 所示。

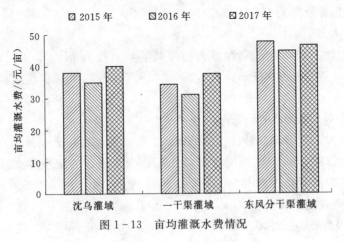

图 1-13　亩均灌溉水费情况

　　按 2012 年水价折算，2015 年、2016 年和 2017 年沈乌灌域亩均灌溉水费分别为 29.5 元/亩、26.8 元/亩和 26.6 元/亩，其中一干渠灌域分别为 26.6 元/亩、24.7 元/亩和 23.4 元/亩，东风分干灌域分别为 36.8 元/亩、35.8 元/亩和 31.4 元/亩。

　　各年相比，灌域 2016 年亩均灌溉水费为 26.8 元/亩，较 2015 年的 29.5 元/亩降低了 9.15％，2017 年亩均灌溉水费为 26.6 元/亩，较 2016 年降低了 0.75％。由此可见，除去价格因素的影响，随着水权转让工程的逐步实施，沈乌灌域的亩均灌溉成本呈逐渐下降趋势（图 1-14），水权转让工程的实施在一定程度上减轻了用水户亩均灌溉成本支出。

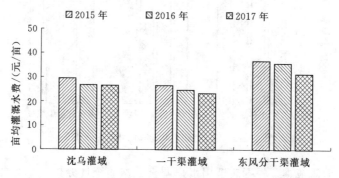

图 1-14　亩均灌溉水费情况（按 2012 年水价折算）

　　d. 劳动力投入。此次调查的劳动力投入主要是指农户在灌溉用水过程中所投入的劳动力的数量和时间。从各典型用水户调查情况看，2015 年、2016 年、2017 年和 2018 年沈乌灌域亩均灌溉劳动力投入分别为 0.77 人·时/亩、0.72 人·时/亩、0.66 人·时/亩和 0.66 人·时/亩。其中，一干渠灌域分别为 0.81 人·时/亩、0.75 人·时/亩、0.68 人·时/亩和 0.66 人·时/亩，东风分干渠灌域分别为 0.73 人·时/亩、0.68 人·时/亩、0.63 人·时/亩和 0.65 人·时/亩。

　　各年相比，2016 年沈乌灌域亩均灌溉劳动力投入为 0.72 人·时/亩，较 2015 年的 0.77 人·时/亩降低了 6.49％，2017 年沈乌灌域亩均灌溉劳动力投入为 0.66 人·时/亩，较 2016 年度降低了 8.33％，2018 年沈乌灌域亩均灌溉劳动为投入基本与 2017 年持平。

　　总体来看，随着水权转让工程的逐步实施，灌域亩均灌溉劳动力投入呈逐渐下降趋势（图 1-15），说明水权转让工程的实施在一定程度上减轻了灌域用水户田间灌溉劳动力支出。

　　2）灌溉管理单位。

　　a. 工程情况。从灌域灌溉渠道工程情况的统计分析可知，沈乌灌域现状

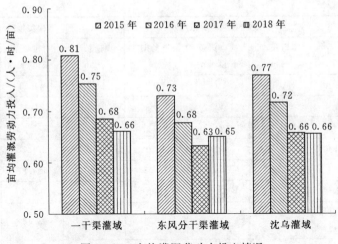

图 1-15　亩均灌溉劳动力投入情况

（工程实施前）斗级及以上灌溉渠道总长度为 1514.13km，已衬砌渠道（含部分衬砌，下同）长度为 87.89km，渠道衬砌率仅为 5.80%，其中干渠和支渠无衬砌，分干渠衬砌率为 1.71%，干斗渠衬砌率为 5.03%，斗渠衬砌率为10.17%。试点工程实施后，灌域渠道衬砌长度达 1522.20km，各级渠道衬砌率均达到了 100%。灌域现状（工程实施前）骨干渠道已配套渠首引水闸、分水闸、节制闸、生产桥、泵房等渠系建筑物 430 座，渠系建筑物配套率为3.07%，已配套建筑物完好率达 100%。其中，沈乌引水渠建筑物配套率最高，为 100%；其次是建设四分干渠，为 9.90%；建设一分干渠建筑物配套率最低，仅为 0.21%。截至 2017 年年底，灌域共有配套渠系建筑物 14013座，建筑物配套率和已配套建筑物完好率均为 100%，详见表 1-19 和表1-20。

表 1-19　　　　　　　　沈乌灌域灌溉渠道工程情况统计表

分区	渠道级别	现状（工程实施前）			工程实施后		
		渠道长度/km	衬砌渠道长度/km	渠道衬砌率/%	渠道长度/km	衬砌渠道长度/km	渠道衬砌率/%
沈乌引水渠		0.65	0.65	100	0.65	0.65	100
生态补水渠道			0.00		8.40	8.40	100
东风分干渠	分干渠	45.60	2.34	5.13	45.60	45.60	100
	支渠	83.52	0	0	83.52	83.52	100
	干斗渠	89.87	0	0	89.87	89.87	100
	斗渠	161.22	11.89	7.38	161.22	161.22	100

续表

分区	渠道级别	现状（工程实施前）			工程实施后		
		渠道长度/km	衬砌渠道长度/km	渠道衬砌率/%	渠道长度/km	衬砌渠道长度/km	渠道衬砌率/%
一干渠	一干渠	44.67	0	0	44.35	44.35	100
	分干渠	91.43	0	0	91.43	91.43	100
	支渠	230.92	0	0	230.92	230.92	100
	干斗渠	271.38	18.18	6.70	271.38	271.38	100
	斗渠	494.87	54.83	11.08	494.87	494.87	100
灌域合计	引水渠	0.65	0.65	100	0.65	0.65	100
	生态补水渠道				8.40	8.40	100
	干渠	44.67	0	0	44.35	44.35	100
	分干渠	137.03	2.34	1.71	137.03	137.03	100
	支渠	314.43	0	0	314.43	314.43	100
	干斗渠	361.25	18.18	5.03	361.25	361.25	100
	斗渠	656.09	66.72	10.17	656.09	656.09	100
	合计	1514.13	87.89	5.80	1522.20	1522.20	100

表 1 - 20　　　　　　　　沈乌灌域渠道建筑物配套情况统计表

渠道名称	现状（工程实施前）			工程实施后		
	配套渠系建筑物/座	配套率/%	建筑物完好率/%	配套渠系建筑物/座	配套率/%	建筑物完好率/%
沈乌引水渠	4	100.00	100	4	100	100
一干渠	63	1.86	100	3384	100	100
建设一分干渠	3	0.21	100	1446	100	100
建设二分干渠	23	0.95	100	2410	100	100
建设三分干渠	11	0.94	100	1174	100	100
建设四分干渠	20	0.80	100	2503	100	100
东风分干渠	306	9.90	100	3092	100	100
灌域合计	430	3.07	100	14013	100	100

　　灌域主要引水监测站共 31 处，现状（工程实施前）只有沈乌引水渠、东风分干渠、一干渠及建设一分干渠、建设二分干渠等 5 处进水口能够自动采集闸前、闸后水位信息和闸位信息并实时显示本地水位，实现对各进水口进行监控，其余引水监测站均采用流速仪人工测流。灌域内 2 处排水监测站排水量监

测主要采用流速仪人工测流的方式。灌域现状（工程实施前）水情信息自动化采集率仅为 22.58%。试点工程实施后，灌域 31 处引水监测站及 2 处排水监测站的水情信息均已实现自动化采集，灌域水情信息自动化采集率达 100%。

b. 水费收入。从灌域各年度水费收入情况的统计分析可知，2013—2018 年，沈乌灌域水费收入呈现先增加后减小再增加的趋势。2013—2018 年，沈乌灌域年均水费收入为 3228 万元，较 2009—2012 年均值 2053 万元增加了 1175 万元，增加了 57.27%，见表 1-21 和图 1-16。

表 1-21　　　　　沈乌灌域 2009—2017 年水费收入情况统计表　　　　单位：万元

年份	计划内农业供水水费	超计划供水水费	沈乌灌域水费收入
2009	790	855	1645
2010	1149	673	1822
2011	1163	1207	2370
2012	1210	1164	2374
2013	1237	1534	2771
2014	1055	2147	3202
2015	1618	1716	3334
2016	1376	1683	3059
2017	1899	1616	3515
2018	2252	1236	3488
2009—2012 年均值	1078	975	2053
2013—2018 年均值	1573	1655	3228

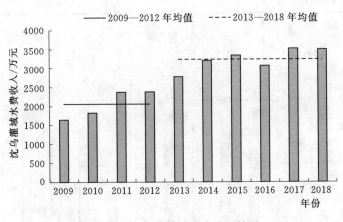

图 1-16　沈乌灌域水费收入情况

由表 1-22 和图 1-17 可知，按 2012 年水价折算，2013—2018 年，沈乌

灌域年均水费收入为 2518 万元，较 2009—2012 年均值 2973 万元减少了 455 万元，下降了 15.31％。2014 年试点工程实施以来，沈乌灌域水费收入呈逐年减少的趋势，其中 2015 年灌域水费收入为 2582 万元，较 2014 年的 2954 万元减少了 372 万元，下降了 12.59％；2016 年灌域水费收入为 2350 万元，较 2015 年减少了 232 万元，下降了 8.99％；2017 年灌域水费收入为 2330 万元，较 2016 年减少了 20 万元，下降了 0.85％；2018 年灌域水费收入为 2219 万元，较 2017 年减少了 111 万元，下降了 4.76％。

表 1-22 沈乌灌域 2009—2018 年水费收入情况统计表（按 2012 年水价折算）

单位：万元

年份	计划内农业供水水费	超计划供水水费	沈乌灌域水费收入
2009	1043	2680	3723
2010	1175	1609	2784
2011	1163	1849	3012
2012	1210	1164	2374
2013	1237	1437	2674
2014	1055	1899	2954
2015	1033	1549	2582
2016	981	1369	2350
2017	1014	1316	2330
2018	1208	1011	2219
2009—2012 年均值	1148	1826	2973
2013—2018 年均值	1088	1430	2518

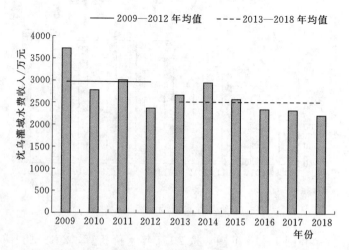

图 1-17 沈乌灌域水费收入情况（按 2012 年水价折算）

c. 管理费用。沈乌灌域的管理费用主要指灌域管理单位乌兰布和灌域管理局的管理费用，包括人员工资和其他支出两部分，其中人员工资包括职工工资及相应的五险一金支出，其他支出主要包括制造费（办公费、差旅费、水电、取暖、会议等支出）以及工会、职工教育、财务管理和营业外支出。

据统计，2013—2018 年，沈乌灌域管理费用平均为 4311 万元，其中人员工资 3830 万元，占 88.84%；其他支出 481 万元，占 11.16%。与 2009—2012 年均值 2799 万元相比，灌域管理费用增加了 1672 万元，增加了 63.34%，增加的原因主要是 2014 年后人员工资的调整，2013—2018 年人员工资平均为 3830 万元，较 2009—2012 年均值增加了 1530 万元，增加了 66.51%。从 2014 年工程实施以来情况看，灌域管理费用年际变化不大。详见表 1-23 和图 1-18。

表 1-23　　　　　　　沈乌灌域运行管理费用情况统计表　　　　　单位：万元

年份	总计	基 本 费 用			运行维护费用		
		小计	工资	其他支出	小计	运行费用	维修养护费用
2009	1420	1364	1292	72	56	6	50
2010	3316	3152	2524	628	164	27	137
2011	3103	2906	2545	361	197	88	109
2012	3356	3134	2840	294	222	124	98
2013	3131	2939	2862	77	192	94	98
2014	5214	4964	4142	822	250	79	171
2015	4779	4701	4134	567	78	55	23
2016	4504	4392	3889	503	112	48	64
2017	4695	4568	4101	467	127	27	100
2018	4530	4300	3849	451	230	64	166

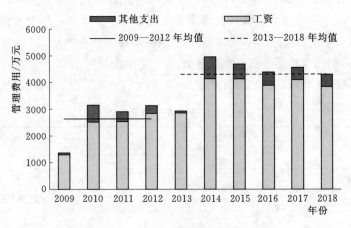

图 1-18　沈乌灌域管理费用

d. 运行维护费用。沈乌灌域运行维护费用主要包括运行费用和维修养护费用两部分。2009—2012 年沈乌灌域平均运行维护费用为 160 万元，其中运行费用 61 万元，占运行维护费用的 38.34％；维修养护费用 99 万元，占运行维护费用的 61.66％。2013—2018 年沈乌灌域平均运行维护费用为 165 万元，其中运行费用 61 万元，占工程运行维护费用的 37.11％；维修养护费用 104 万元，占运行维护费用的 62.89％。与 2009—2012 年相比，灌域平均运行维护费用增加了 3.18％，主要是由于维修养护用工工资和材料价格上涨而造成维修养护费用增加了 5 万元。从试点工程实施以来情况看，2015—2018 年灌域年度运行维护费用均比 2014 年度明显减少，2015—2018 年运行维护费用年均 137 万元，较 2014 年的 250 万元减少了 113 万元，减少了 45.20％。沈乌灌域运行维护费用如图 1-19 所示。

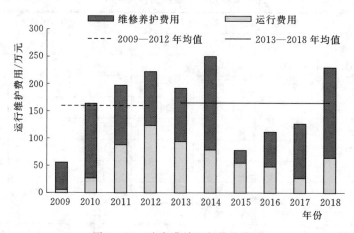

图 1-19　沈乌灌域运行维护费用

　　3）受让企业。如表 1-24 所示，从水权转让的统计情况可知，目前沈乌灌域试点 12000 万 m³ 水权转让指标已全部分配给鄂尔多斯市、阿拉善盟和乌海市的 75 家用水企业，按照 2017 年内蒙古自治区水资源公报中万元工业增加值用水量 18.32m³ 的用水指标推算，水权转让后，受让企业可新增工业增加值 655.02 亿元，内蒙古自治区工业增加值可较 2017 年的 5109.00 亿元提高了 12.82％。

表 1-24　　　　　　　　　　水权受让企业收益情况分析

分　区	受让水量/万 m³	新增工业增加值/亿元
鄂尔多斯市	6575.55	358.93
阿拉善盟	2380.00	129.91
乌海市	3044.45	166.18
合计	12000.00	655.02

（4）工程效果综合评价。

1）节水目标接近程度。从上述节水效果分析可知，沈乌灌域节水改造工程的总体节水能力为 25233 万 m³，其中试点工程节水能力为 21995 万 m³，由其他项目投资建设的渠道衬砌工程的节水能力为 3238 万 m³。与《可研》批复的规划节水量 23489 万 m³ 相比，灌域总体节水能力超出规划节水目标 1744 万 m³，超出 7.42%；试点工程节水能力较规划值差 1494 万 m³，比规划值小 6.36%。试点工程实施的各项节水措施中，渠道衬砌节水能力为 12370 万 m³，较规划值差 2334 万 m³，比规划值小 15.87%；畦田改造节水能力为 6143 万 m³，较规划值差 408 万 m³，比规划值小 6.23%；畦灌改滴灌节水能力为 3482 万 m³，较规划值大 1248 万 m³，超出规划值 55.86%，详见表 1-25。

表 1-25　　　　　　　　　沈乌灌域节水能力汇总

项目	措施	节水能力/万 m³	规划节水量/万 m³	差值/万 m³	比例/%
试点工程	渠道衬砌	12370	14704	−2334	−15.87
	畦田改造	6143	6551	−408	−6.23
	畦灌改滴灌	3482	2234	1248	55.86
	小计	21995	23489	−1494	−6.36
其他项目	渠道衬砌	3238	—	—	—
灌域合计		25233	23489	1744	7.42

综上分析，灌域节水改造工程的总体节水能力为 25233 万 m³，其中试点工程节水能力为 21995 万 m³，对比《可研》批复的规划节水目标 23489 万 m³，推算灌域节水改造工程的节水目标接近度为 1.0742，试点工程的节水目标接近度为 0.9364。由此可见，沈乌灌域总体节水能力已超出试点规划节水目标，其中试点工程的节水能力与规划节水量接近程度较高，详见表 1-26。

表 1-26　　　　　　　　节水目标接近程度分析　　　　　　　　单位：万 m³

项　　　目	节水能力	节水目标	节水目标接近度
灌域节水改造工程	25233	23489	1.0742
试点工程	21995		0.9364

2）水权转让量满足程度。如表 1-27 所示，从年度引水情况分析可知，沈乌灌域 2018 年引黄水量为 37680 万 m³，比灌域许可指标水量 45000 万 m³ 减少了 7320 万 m³，与拟转让水权量 12000 万 m³ 相比，水权转让量满足度为 0.6100，由此可见，到 2018 年，沈乌灌域减少的引黄水量远不能满足试点水权转让量要求。分析其原因主要为灌域范围内新增引黄灌溉面积用水和原有灌溉面积超指标用水。近年来，灌域范围内大面积开荒，灌溉面积增加较多，其

中引黄灌溉面积较 2012 年增加了 15.00 万亩,按照引黄灌溉面积年净灌溉定
额 262m³/亩计,新增引黄灌溉面积每年需引黄水量为 6725 万 m³。随着灌域
水权确权工作的逐步落实,灌域新增灌溉面积引黄用水将被压减,相应地灌域
的引黄水量减少量将至少达到 14045 万 m³,从而推算水权转让量满足度可达
到 1.1704。同时,随着灌域用水管理的不断强化,灌域超计划用水将会得到
控制,再加之 2018 年年底陆续完成的田间节水改造工程发挥作用,灌域的引
黄水量还会减少。由此可见,在试点工程全面运行后,随着灌域水权确权工作
的落实和用水管理工作的加强,沈乌灌域引黄水量减少量能够满足试点水权转
让量要求。

表 1-27　　　　　　　　　　水权转让量满足程度分析　　　　　　　单位:万 m³

项　　目		用水量
灌域许可指标水量		45000
拟转让水权量		12000
2018 年	灌域引黄水量	37680
	新增引黄灌溉面积用水量	6725
	引黄水量减少量	7320
	水权转让量满足度	0.61
压减新增引黄灌溉面积用水后	引黄水量减少量	14045
	水权转让量满足度	1.1704

　　3)生态环境改变程度。沈乌灌域地处乌兰布和沙漠东北部,生态环境极
其脆弱,其主要植被为草地。根据已有相关研究成果,相似生境条件下,天然
草地的适宜生态地下水埋深为 2~4m。从灌域地下水环境变化分析可知,试点
工程实施初期(2016 年)灌域地下水埋深在适宜范围内(2~4m)的面积占
比为 85.11%,工程实施后(到 2018 年)地下水埋深在适宜范围内的面积占
比为 81.31%,地下水埋深变化程度值为 0.96。试点工程实施前地下水矿化
度为 2516mg/L,工程实施后地下水矿化度为 1388mg/L,地下水矿化度变
化程度值为 1.81。由此可见,工程实施后,虽然灌域地下水质有所改善,
但地下水埋深在适宜范围内的面积占比略有减小,说明工程的实施对灌域地
下水环境产生负面影响,近期的负面影响不显著,但后续影响程度仍需持续
关注。

　　从灌域年均排水量及排盐量跟踪监测数据分析可知,试点工程实施前后灌
域的排水量分别为 398 万 m³、786 万 m³,排水量变化程度值为 1.97;工程实
施前后的排盐量分别为 6175.54t、14963t,排盐量变化程度值为 2.42。由此
可见,试点工程实施对灌域排水没有产生负面影响。

根据试点工程实施前后灌域范围内不同土地利用方式所占面积资料的分析，灌域范围内生物丰度指数、植被覆盖指数和水域密度指数三项指标在试点工程实施前分别为 13.87、10.24 和 4.70，工程实施后分别为 12.21、12.62 和 4.35，其变化程度值分别为 0.88、1.24 和 0.91。可见，工程实施后灌域范围内生物丰度指数和水域密度指数有所下降，植被覆盖指数有所增加，表明工程的实施对灌域植被覆盖度产生正面影响，对生物丰度和水域密度产生负面影响。

　　区域生态环境改变程度评价指标分析见表 1-28。

表 1-28　　　　　　　　区域生态环境改变程度评价指标分析

项　　目		工程实施前	工程实施后	变化程度值
排水	排水量/万 m³	398	786	1.97
	排盐量/t	6175.54	14963	2.42
地下水	地下水埋深在适宜范围内的面积占比/%	85.11	81.31	0.96
	地下水矿化度/(mg/L)	2516	1388	1.81
土壤	土壤盐碱化率/%	67.24	65.72	1.02
生态环境质量	生物丰度指数	0.139	0.122	0.88
	植被覆盖指数	0.102	0.126	1.24
	水域密度指数	0.047	0.043	0.91

　　4）社会满意度。

　　a. 农牧业用水户。如表 1-29 所示，从灌域田间灌溉用水量分析可知，试点工程实施前后灌域分干渠及以上直口渠灌溉用水量分别为 34038 万 m³、29677 万 m³，考虑支、斗两级渠道和田间灌水效率，工程实施前后灌域田间灌溉用水量分别为 20527 万 m³、25216 万 m³，田间灌溉用水量变化程度值为 1.23。从灌域田间灌溉用水情况分析可知，试点工程实施前后灌域田间适时灌溉保证率分别为 80.34%、93.77%，田间适时灌溉保证率变化程度值为 1.17；试点工程实施前后灌域灌溉成本分别为 29.5 元/亩、26.4 元/亩，灌溉成本变化程度值为 1.12；试点工程实施前后灌域灌溉用时分别为 0.77 人·时/亩、0.66 人·时/亩，田间灌溉用时变化程度值为 1.17。由此可见，工程实施后，灌域田间灌溉用水量增加，田间适时灌溉保证率提高，灌溉成本降低、灌溉用时减少，工程的实施在一定程度上减轻了灌溉劳力支出和灌溉成本支出，对灌域农牧业用水户利益没有产生负面影响。

表 1 - 29 　　　　　　　　　农牧业用水户满意度评价指标分析

项　　目		工程实施前	工程实施后	变化程度值
田间灌溉用量水影响程度	田间灌溉用水量/万 m³	20527	25216	1.23
田间适时灌溉保证率影响程度	田间适时灌溉保证率/%	80.34	93.77	1.17
灌溉成本影响程度	灌溉成本/(元/亩)	29.5	26.4	1.12
灌溉用时影响程度	灌溉用时/(人·时/亩)	0.77	0.66	1.17

b. 灌域管理单位。如表 1 - 30 所示，从灌域管理单位运行管理情况分析可知，试点工程实施前后灌域水费收入分别为 2973 万元、2219 万元，水费收入变化程度值为 0.75；灌域工程运行维护费用分别为 159 万元、137 万元，工程运行维护费用变化程度值为 0.86；灌域渠道衬砌率从工程实施前的 5.80% 提高到 100%，其比值为 17.24；渠道工程配套率从工程实施前的 3.07% 提高到 100%，其比值为 32.57。由此可见，工程实施后，灌域水费收入和工程运行维护费用均有所减少，渠道衬砌率和工程配套率大幅度提高，工程的实施对灌域管理单位在多方面产生正面影响，但在收入方面产生了负面影响，应考虑采取适当的补偿方式予以合理补偿。

表 1 - 30 　　　　　　　　　灌域管理单位满意度评价指标分析

项　　目		工程实施前	工程实施后	变化程度值
水费收入影响程度	水费收入/万元	2973	2219	0.75
工程运行维护费用变化程度	工程运行维护费用/万元	159	137	0.86
渠道衬砌率变化程度	渠道衬砌率/%	5.80	100	17.24
工程配套率变化程度	工程配套率/%	3.07	100	32.57

c. 受让企业。按照 2017 年内蒙古自治区水资源公报中万元工业增加值用水量 18.32m³ 的用水指标推算，沈乌灌域试点 12000 万 m³ 水权转让指标转让后，用水企业可新增工业增加值 655.02 亿元。

根据《内蒙古自治区人民政府关于批转自治区盟市间黄河干流水权转让试点实施意见（试行）的通知》（内政发〔2014〕9 号），水权转让费用包括节水工程建设费用、节水工程和量水设施的运行维护费用、节水工程的更新改造费用、工业供水因保证率较高致使农业损失的补偿费用、必要的经济利益补偿和生态补偿费用以及依照国家规定的其他费用等六项。按照黄河干流盟市间水权转让合同书约定，工业供水因保证率较高致使农业损失的补偿费用及必要的经济利益补偿和生态补偿费用根据相关政策另行规定，受让企业合同内为水权转让需支付的费用仅包括节水工程建设费用、节水工程和量水设施的运行维护费用、节水工程的更新改造费用，合同总费用为 28.296 亿元，其中工程建设费用为 18.00 亿元，在工程建设期支付；工程运行维护费用为 9.00 亿元，在节水工程核验后 3 个月内第一次支付，以后每隔五年支付一次，共支付五次；节水工程的更新改造费用为 1.296 亿元，在节水工程核验后第五年开始支付，以后每隔五年支付一次，共支付四次。工业供水因保证率较高致使农业损失的补偿费用及必要的经济利益补偿和生态补偿费等风险补偿和经济利益补偿费用暂按《可研》提出的费用考虑，社会折现率取 8%，从而推算出受让企业水权转让经济效益费用比为 4.36，远大于 1.20，详见表 1-31。由此可见，受让企业水权转让的经济效益十分显著。

表 1-31　　　　　　受让企业水权转让的经济效益分析

项　　目		鄂尔多斯市	阿拉善盟	乌海市	合计
年新增工业增加值/亿元		358.93	129.91	166.18	655.02
费用/万元	小计	170183	61597	78794	310574
费用/万元	工程建设费用	98633	35700	45667	180000
	工程运行维护费用	49317	17850	22833	90000
	设备更新改造费用	7102	2570	3288	12960
	风险补偿费用	10021	3627	4640	18288
	经济生态利益补偿费用	5110	1850	2366	9326
效益费用比					4.36

（三）水权转让阶段制度建设

1. 出台《内蒙古自治区盟市间黄河干流水权转让试点实施意见（试行）》

内蒙古自治区人民政府于 2014 年 1 月 20 日出台了《内蒙古自治区盟市间黄河干流水权转让试点实施意见（试行）》（内政发〔2014〕9 号）（以下简称《盟市间转让意见》）。实施意见主要明确了以下内容：

（1）明确了制定实施意见的目的和依据、指导思想、基本原则、总体目标和组织实施等。

（2）明确了水权转让期限和费用。从节水工程核验后起算，水权转让期限原则上不超过 25 年。水权转让期内，水权转让任何一方出现法人主体资格变更或终止的，应按照有关法律法规办理相应的变更手续。水权转让期满，受让方需继续取水的，应重新办理水权转让手续；受让方不再取水的，水权返还出让方，并办理相应的取水许可手续。水权转让费用包括：①节水工程建设费用，包括节水工程技术改造、节水主体工程及配套工程、量水设施等直接费用和间接费用；②节水工程和量水设施的运行维护费用；③节水工程的更新改造费用（指节水工程的设计使用期限短于水权转让期限时需重新建设的费用）；

④工业供水因保证率较高致使农业损失的补偿费用；⑤内蒙古自治区地下水及生态环境监测评估和必要的生态补偿及修复等费用；⑥依照国家规定的其他费用。

（3）明确了监督管理的要求。水权转让节水工程项目法人负责组织实施节水工程，按规定时间和质量要求完成工程建设，并对工程的全寿命期负责。水权转让受让方作为节水工程建设的出资单位，有权对工程的招投标、进度质量和资金管理使用进行监督检查。节水工程竣工后，由黄委会同自治区水利厅组织水权转让有关单位进行验收。验收合格后，水权转让双方同时办理或变更取水许可相关手续；节水工程由于质量问题未能通过验收的，节水工程项目法人应及时补救或负责赔偿受让方经济损失。在水权转让有效期内，受让方不得擅自改变取水用途和取水标的。节水工程实施过程中，受让方如发生资金不按计划到位的情况，出让方和实施方可中止水权转让工作。受让方不按要求支付运行维护费用或其他费用的，责令其停止取水；情节严重的，依照《中华人民共和国水法》和《取水许可和水资源费征收管理条例》相关规定处理。节水改造工程质量监督单位为内蒙古自治区水利工程质量监督站。参建各方及监理单位要严格按照国家和内蒙古自治区相关规定，建立工程质量监管、监督、跟踪和责任追究等机制，确保工程质量。

2. 出台《内蒙古自治区闲置取用水指标处置实施办法》

2014年12月5日，内蒙古自治区人民政府办公厅印发了《内蒙古自治区闲置取用水指标处置实施办法》（内政办发〔2014〕125号）（以下简称"闲置水指标处置办法"），自2015年1月10日起开始施行。闲置水指标处置办法共5章28条，分总则、闲置水指标的认定、闲置水指标的处置、预防与监督、附则5个章节，主要明确了以下内容：

（1）明确了界定闲置取用水指标的范围。将水资源使用权法人未按行政许可的水源、水量、期限取用的水指标或通过水权转让获得许可、但未按相关规定履约取用的水指标认定为闲置取用水指标，具体包括以下六种情形：①项目尚未取得审批、核准、备案文件，但建设项目水资源论证报告书批复超过36个月的；②项目已投产，使用权法人未按照相关规定申请办理取水许可证的；③水权转让各方在签订水权转让合同后6个月内，使用权法人没有按期足额缴纳灌区节水改造工程建设资金的；④水权转让项目使用权法人在节水改造工程通过核验后，不按规定按时、足额缴纳水权转让节水改造工程运行维护费、更新改造费等应由受让方缴纳的费用的；⑤项目已投产并申请办理取水许可手续，但近2年实际用水量（根据监测取用水量，按设计产能折算后计）小于取水许可量的部分；⑥项目已投产，使用权法人未按照许可水源取用水，擅自使用地下水或其他水源超过6个月的。

（2）按照分级管理的原则，由旗县级以上水行政主管部门实施闲置取用水指标认定，并向使用权法人下达《闲置水指标认定书》。

（3）实行闲置取用水指标收储和处置。其中，经内蒙古自治区水行政主管部门认定和处置的闲置水指标必须通过水权中心交易平台进行转让交易。在形成闲置水指标6个月内没有认定及处置的，上一级水行政主管部门有权对该闲置水指标收回并统筹配置。

3. 出台《内蒙古自治区水资源费征收标准及相关规定》

《内蒙古自治区取水许可和水资源费征收管理实施办法》自1992年发布以来历经2002年、2008年两次修订，而后内蒙古自治区人民政府于2014年12月18日发布了《内蒙古自治区人民政府关于印发自治区水资源费征收标准及相关规定的通知》（内政发〔2014〕127号），水资源费征收标准及相关规定自2015年1月1日起施行。水资源费征收标准及相关规定主要明确了以下内容：

（1）明确了制定水资源费征收标准及相关规定的目的和依据、征收范围等。

（2）明确了水资源费的征收标准。集中式供水是指具有独立法人身份的合法供水单位集中取水并由输水管网送到用户的供水形式，主要包括城镇自来水及其他集中供水工程。施工、矿产疏干排水必须安装计量设施，水资源费按照排水量计征；未按要求安装计量设施或者计量设施不合格、运行不正常的，水资源费按照其每天24h最大排水能力计征；矿产疏干排水因技术或者工艺等原因无法计量的，水资源费按照矿产产量征收，每吨0.3元。农牧业灌溉用水在用水计划或用水定额内免征水资源费，超计划或超定额水量部分的水资源费在相应征收标准的基础上执行超计划或超定额累进加价制度。

（3）明确了水资源费征收的相关规定。同一供用水户不同用途取用水的水资源费征收标准按照相应标准执行。集中式供水水源由地表水和地下水混合组成的，用水行业水资源费征收标准按照地表水与地下水的供水比例通过加权平均的计算方式确定。抽水蓄能电站暂不征收水资源费，取用污水处理回用水不征收水资源费。热电联产企业水资源费分别按照火力发电、供热取用的新水量和相应标准执行，若无法区分各自取用的新水量，则按照火力发电水资源费征收标准执行。使用跨区域调水的用水户的水资源费，除按照分级管理权限由内蒙古自治区人民政府水行政主管部门征收的以外，由调入区域水行政主管部门按照分级管理权限负责征收。除水力发电和城镇供水企业外，水资源费实行超计划或者超定额累进加价制度。水资源费实行供水水价价外征收。城镇公共供水企业水资源费应当按照售水量和有管理权限的水行政主管部门核定的缴费额度由供水单位代为征收，征收的水资源费全额缴入同级国库，并根据实际需要将其代征的管理费列入当年部门预算给予保证，实行"收支两条线"管理。其他集中式供水企业水资源费按照取水量由水行政主管部门征收。任何单位和个人不得减收或者免收取用水单位和个人的水资源费。擅自减免水资源费的，由上一级水行政主管部门直接征收并解缴同级国库。

4. 出台《内蒙古自治区行业用水定额标准》

2015年10月20日，内蒙古自治区发布了《内蒙古自治区行业用水定额标准》（DB15/T 385—2015），自2015年12月20日实施，其在水资源配置、节约、规划等方面发挥了重要作用。标准自2003年发布以来不断被完善修改，主要明确了以下内容：

（1）明确了制定标准的目的和原则、适用范围等。标准适用于内蒙古自治区各行业取用符合各自用水水质标准的地表、地下水资源时，界定单位产品取用新水量的近期限额，不包括中水回用等情况。制定标准的目的是为了加强水资源的管理，实现水资源的可持续利用，为内蒙古自治区各行业提供一套地方性用水定额标准。

（2）规定了内蒙古自治区农业用水定额标准。农业用水主要为农田灌溉用水、牧草地灌溉用水、林业灌溉用水、牲畜饮用水和渔业用水。农业用水受地域影响很大，所以全区按农业区划又分为四个区，各区分别按照不同作物的全生育期制定其用水定额，牧草地灌溉定额按地势性草地植被划分为五个区。

（3）规定了内蒙古自治区工业用水定额标准。工业用水定额按行业编制，行业划分按《国民经济行业分类与代码》（GB/T 4754）执行。

（4）规定了内蒙古自治区社会用水定额标准。社会用水定额主要为城市、农村社会用水定额。

（5）规定了内蒙古自治区生态用水定额。生态用水定额主要为旁侧水库、湿地和其他自然保护等用水定额。

5. 出台《内蒙古自治区黄河干流水权收储转让工程建设管理办法》

2016年1月7日，内蒙古自治区盟市间黄河干流水权转让工作领导小组办公会议审查并通过了水权中心编制的《内蒙古自治区黄河干流水权收储转让工程建设管理办法》。

建设管理办法规范了盟市间水权转让试点工程项目建设管理工作，明确了项目前期、项目实施过程中参建各方的管理职责与管理权限，规定内蒙古自治区水务投资集团有限公司是黄河水权收储转让工程项目实施的管理主体，由水权中心负责项目前期工作、资金筹措和监督管理等；河灌总局为黄河水权收储转让工程项目实施主体，组建黄河水权收储转让工程建设管理处（以下简称"工程建设管理处"），履行项目业主相关职责。

6. 出台《内蒙古自治区黄河干流水权收储转让工程资金管理办法》

2016年1月7日，内蒙古自治区盟市间黄河干流水权转让工作领导小组办公会议审查并通过了水权中心编制的《内蒙古自治区黄河干流水权收储转让工程资金管理办法》。

资金管理办法规范了盟市间水权转让试点工程资金使用运转流程，明确了试点工程资金运转过程中项目管理主体与实施主体的资金管理职责及资金流转、交接流程。规定水权中心收到水权受让方水权项目资金后及时通过自治区水利厅上缴自治区财政，并申请财政水权项目资金的下拨；河灌总局根据批准的试点工程总投资及进度安排，提出年度或阶段施工进度用款计划；水权中心将财政拨付的资金按批准的工程用款计划拨付给河灌总局。

7. 出台《内蒙古自治区黄河干流水权盟市间转让试点项目建设管理办法》

2016 年 1 月 7 日，内蒙古自治区盟市间黄河干流水权转让工作领导小组办公会议审查并通过了水权中心编制的《内蒙古自治区黄河干流水权盟市间转让试点项目建设管理办法》。管理办法主要明确了以下内容：

（1）明确了制定管理办法的目的和依据、机构设置、管理模式等。

（2）明确了项目管理的内容。项目管理分为招标管理、财务管理和合同管理。

1）招标管理：

a. 工程建设管理处拟定包括招标范围、标段划分、履约保函（金）、招标人控制价等内容的试点项目招标文件，水权中心向项目主管部门报送备案。

b. 试点项目工程招投标工作全部在内蒙古自治区公共资源交易平台公开进行。招投标活动遵守公共资源交易平台的有关规定，并在水行政主管部门的全程监督下进行。

c. 工程建设管理处负责整理提交试点项目招投标情况的书面总结报告，按照规定的时间和要求，由水权中心向水行政监督部门报送。

2）财务管理。水权中心、工程建设管理处要按照有关要求，建立水权试点项目专门账户，专款专用；水权中心要做好试点项目资金的监督管理，不得滞留挪用；按照年度资金使用计划及工程实施进度安排，规范拨付使用资金。

3）合同管理。

a. 合同的订立。试点项目前期阶段的相关合同，由水权中心负责签订。涉及试点工程建设管理方面的工作，按照属地管理的原则，水权中心要与工程建设管理处签订试点项目工程建设授权委托合同。试点项目工程建设阶段的所有合同全部由工程建设管理处负责签订。

b. 合同的管理。水权中心签订的合同，由水权中心进行管理。工程建设管理处受托签署的合同，由工程建设管理处进行管理，合同正本留存工程建设管理处，副本报水权中心备存。水权中心有权对工程建设管理处签署的合同的执行情况进行监督检查。

（3）明确了工程管理的内容。按照水利部《水利工程建设监理规定》等有关制度，对试点项目依法实行建设监理。工程建设管理处需实行押证管理，建立中标单位项目经理到位履约承诺制度和主要管理人员考勤制度。施工现场管理人员确需变更的，须经工程建设管理处同意，并提交相关证明报水权中心备案。工程实施过程中出现设计变更的，按照水利部《水利工程设计变更管理暂行办法》（水规计〔2012〕93号）执行。水权中心、工程建设管理处和勘察、设计、施工、监理及质量检测等单位应严格按照《建设工程质量管理条例》和《水利工程质量管理规定》，建立健全质量管理体系，对工程质量承担相应责任。水利工程建设质量监督单位为内蒙古自治区水利工程建设质量与安全监督中心站，工程建设管理处负责办理质量监督手续。工程建设实行第三方检测制度，由工程建设管理处指定符合条件的工程质量检测单位进行质量检测工作，工程质量检测单位同时对水权中心负责。水权中心、工程建设管理处和勘察、设计、施工、监理等单位应遵守《中华人民共和国安全生产法》《建设工程安全生产管理条例》及《水利工程建设安全生产管理规定》，依法承担工程建设安全生产责任。

（四）水权转让阶段成效

通过黄河干流河套灌区沈乌灌域盟市间水权转让实践，节水量总计 2.35 亿 m^3/a，其中可转让水量为 1.20 亿 m^3/a，剩余 1.15 亿 m^3/a 水量全部留在黄河，用于返还挤占的部分黄河生态水量。盟市间水权转让实践有效提高了灌区用水效率、灌区工程和管理的现代化水平。盟市间水权转让取得的显著效果主要体现在以下几个方面：

（1）建成了试点实施效果跟踪监测站网体系，开展了持续跟踪监测，积累了一系列的跟踪监测数据。按照《内蒙古黄河干流水权盟市间转让河套灌区沈乌灌域试点跟踪评估工作方案》要求，在试点区域建成了试点实施效果跟踪监测网络，各类监测站点共 220 处，包括引水监测点 31 处、排水监测点 2 处；地下水监测点 53 处（含渠道侧向补给观测井 8 眼）、典型水域监测点 8 处、典型盐碱地监测点 6 处和农田土壤盐分 41 处、天然植被生长状况跟踪监测点 24 处；对田间 55 个典型用水户的灌溉用水情况进行监测，以获得田间灌溉用水依据。同时，在 6 条干渠（分干渠）、5 条支渠、4 条干斗渠上共选取了 29 段典型试验渠段，根据土壤类型、畦田规格、作物种类选取了畦田改造试验区 3 处（布设了 24 个小区）、滴灌试验区 1 处（布设了 16 个小区）。

按照工作方案和测验规范开展了渠道衬砌前后输水损失试验 1409 次和田间节水改造工程实施前后田间灌溉试验 384 次，共获得各类监测试验数据 33080 个，为科学、真实、客观分析评估工程的节水效果和工程实施对利益相关方的影响提供了基础数据。

（2）建立了水权转让试点工程实施效果跟踪评估和综合评价指标体系。根据跟踪评估的目的和盟市间水权转让的特点，结合试点区域的实际情况，建立了单项评价指标体系和综合评价指标体系。单项评价指标体系主要包括工程节水效果、工程实施对区域生态环境和利益相关方的影响三大方面，其中，节水效果又分为渠道衬砌、畦田改造和畦灌改滴灌等单项措施节水效果和区域总体用水情况、排水情况，生态环境包括区域排水、地下水环境、土壤盐碱化程度、天然水域和天然植被等与水相关的五个方面，利益相关方包括区域总体灌溉效益、农牧户、灌域管理单位和受让企业四个方面，共由 3 个一级指标、12 个二级指标、30 个三级指标组成。综合评价指标体系主要包括节水目标实现程度和试点的可持续性两大方面，其中试点的可持续性又包括水权转让量满足程度、生态环境改变程度和社会满意度三个方面，共由 2 个一级指标、4 个二级指标、9 个三级指标、19 个四级指标组成。既能开展单项工程措施实施效果评价，又能对工程的整体实施效果开展全面综合评价。

（3）圆满完成试点期节水改造工程建设目标任务，沈乌灌域已成为现代化节水型生态灌区。截至 2017 年，内蒙古黄河干流水权盟市间转让河套灌区沈乌灌域试点共衬砌各级渠道 810 条（长度为 1434.32km），其中干渠 1 条（长度为 44.35km）、分干渠 5 条（长度为 134.68km）、支渠 56 条（长度为 314.44km）、干斗渠 245 条（长度为 358.48km）、斗渠 502 条（长度为 573.97km）、生态补水通道 1 条（长度为 8.40km）；建成渠系建筑物 13651 座；完成畦田改造 66.37 万亩、畦灌改滴灌 12.76 万亩，建成信息化监测点 62 处；与《可研》批复的工程建设任务相比，全面完成了沈乌灌域试点节水改造工程建设任务，畦灌改滴灌比《可研》批复规模多出 7.78 万亩，配套建筑物多出 4680 座，信息化监测点多出 4 处，且渠道自动监测系统和土壤墒情监测点均超出《可研》批复规模。试点工程已先后通过自治区水利厅组织的竣工验收和黄委组织的工程核验。

工程实施后，灌域的渠道衬砌率由试点前的 5.80% 提高到 100%；渠系建筑物配套率由 3.07% 提高到 100%；信息自动化采集率由 22.58% 提高到 100%；田间工程配套率提高到 100%。沈乌灌域的灌溉水利用系数由工程实施前的 0.3776 提高到 0.5844，灌域灌水效率提高了 54.77%，其中斗级以上渠系水利用系数由工程实施前的 0.6035 提高到 0.8063，渠道输水效率提高了 33.60%；田间水利用系数由工程实施前的 0.7538 提高到 0.8732，田间灌水效率提高了 15.84%。

节水工程全面建设完成后，沈乌灌域由试点前的工程破旧，干支渠漏损严重，干渠配套建筑物不配套且老旧破损（尚有部分木制节制闸、闸门），节制闸启闭不灵活，灌溉水调配只能采用手动方式，田间高低不平，以常规畦灌为主，灌溉用水量大，信息化管理手段落后灌区，一举成为现代化的节水型生态灌区，实现了"可计量、可控制、可考核"的工程目标。

（4）灌域总体节水能力超出《可研》批复的规划节水目标，为实现节水减超和水权转让奠定了基础。根据跟踪监测数据的分析，节水改造工程实施后，总体节水能力为 25233 万 m³，其中渠系工程节水能力为 21996 万 m³，田间工程节水潜力为 3238 万 m³。与《可研》批复的试点工程规划节水量 23489 万 m³ 相比，增加 1744 万 m³。各项节水措施中，渠道衬砌节水能力为 15608 万 m³，比规划值增加 904 万 m³；畦田改造节水能力为 6143 万 m³，比规划值减少 408 万 m³；畦灌改滴灌节水能力为 3482 万 m³，超出规划值 1248 万 m³。对比《可研》批复的试点工程规划节水量 23489 万 m³，灌域总体节水目标接近度为 1.0742。由此可见，沈乌灌域总体节水能力已达到《可研》批复的规划节水目标，可以满足灌域节水减超和水权转让的要求。

（5）试点工程实际节水效果明显，基本实现节水压超转让目标。自 2014 年试点节水工程实施以来，沈乌灌域年引水量呈逐年下降趋势。2015—2018 年，灌域引水量分别较 2014 年减少了 3996 万 m³、17145 万 m³、17473 万 m³、18660 万 m³，分别减少 7.09%、30.43%、31.01%、33.12%。

2018 年灌域总引水量为 37680 万 m³，与试点现状（2009—2012 年平均）年引水量 55868 万 m³ 减少 18188 万 m³，其中春灌减少了 2518 万 m³，夏灌减少了 6978 万 m³，秋浇减少了 8692 万 m³。与《可研》采用的沈乌灌域现状取用黄河水量 53993 万 m³ 相比减少了 16313 万 m³，与沈乌干渠取水许可黄河水量 45000 万 m³ 相比，减少了 7320 万 m³。即沈乌试点工程经过一年的初步运行，实现了压超目标后，仍有 7320 万 m³ 的水量可用于盟市间水权转让。与 12000 万 m³ 转让目标相比，尚有差距，主要原因是随着工程的建设完善，灌区生态环境改善，尤其是土地盐碱化的减弱，新增引黄灌溉面积 15 万亩，新增灌溉用水量为 6725 万 m³。由此可见，沈乌试点工程的建设完成，初步实现了节水压超转让的目标，相信随着灌域初始水权确权到户落实到位，进一步加强超计划用水管理，可以实现 12000 万 m³ 的水权转让目标。

（6）区域生态环境特征因子变化不明显，土壤盐碱化明显改善。经遥感影像解译，灌域天然植被面积与 2012 年比减少了 17.15 万亩，减少了 12.63%，其中低覆盖度天然植被面积减少了 49.59%，中覆盖度和高覆盖度天然植被面积分别增加了 10.23% 和 141.60%；灌域天然植被平均覆盖度从 2012 年的 36.4% 提高到 38.2%。

2018 年，灌域地下水埋深为 1～4m 的面积占到灌域总面积的 85%，其中地下水埋深为 1～3m 的面积占 53%。2018 年秋浇前灌域范围内平均地下水位较 2015 年同期下降 0.53m，2018 年较 2016 年地下水埋深变化幅度为 0～0.61m。地下水埋深下降幅度较大区域主要位于新开耕地荒漠区和滴灌工程等地下水开采区，与节水工程实施关系较小。从目前监测结果看，节水工程实施后，整个区域的地下水水位尚没有因水权转让工程的实施引起急剧下降。当然这仅是工程建设完成全面运行一年后的监测结果，后续变化应继续加强观测。

区域呈现轻度盐渍化土壤增加，中度、重度盐渍化土壤减少的趋势。与2012 年相比，2018 年灌域非盐渍化土壤、轻度盐渍化土壤分别增加了1.51％、0.91％，中度盐渍化土壤、重度盐渍化土壤和盐碱地分别减少了0.56％、0.53％和 1.33％，区域土壤盐渍化率从 67.24％降低到 65.72％。

区域总水域面积与 2012 年相比减少 7.17％，主要是受季节性渠道输水影响的小于 500 亩的临时性水域。8 处典型水域面积与 2012 年面积相比减少甚微，减少值为 160 亩，减少比例为 0.615％。但水面面积变化主要受气候条件和生态补水的影响，工程实施对其没有产生显著影响。

（7）保障了农民的权益，区域粮食产量增加明显，实现了工程节水，农业增产。灌域田间灌溉用水保证程度与工程实施前相比，由 80.34％提高到89.00％；农业灌溉水费支出明显减少，按 2012 年水价折算，2015 年、2016年、2017 年和 2018 年沈乌灌域亩均灌溉水费分别为 29.5 元/亩、26.8 元/亩、26.6 元/亩和 26.4 元/亩，呈现逐年减少趋势；工程实施后，田间灌溉用时和人力大大减少，亩均田间灌溉用时由实施前的 0.77 人·时/亩减少到 0.66 人·时/亩，灌溉效率提高了 14.29％。灌域粮食总产量自 2014 年以来持续增长，2015—2017 年分别较 2014 年增加了 3.98 万 t、4.45 万 t 和 10.38 万 t，分别增长 16.69％、18.67％和 43.54％。

由此可见，试点节水工程实施后，灌域田间灌溉用水量和适时灌溉保证程度明显提高，农民灌溉用时明显减少，灌溉成本逐渐降低，灌域粮食总产量持续增高。

（8）灌域工程运行维护费用明显减少，渠道衬砌率和工程配套率大幅度提升，灌域管理自动化程度明显提高，但征收水费略有下降。自 2014 年试点工程实施以来，灌域用于骨干工程的年运行维护费用明显降低，2015—2018 年灌域年均工程运行维护费用较工程实施前降低 45.42％。工程实施后，灌域管理自动化程度明显提高，主要引排水监测点水情信息自动化采集率由工程实施前的 22.58％提高为 100％，灌溉渠道衬砌率和工程配套率分别由工程实施前的 5.80％、3.07％提高到 100％。灌域每年征收的水费（按 2012 年标准折算）呈现逐年减少的趋势，2015—2018 年分别较 2014 年减少了 372 万元、604 万元、624 万元和 735 万元，分别减少 12.59％、20.45％、21.12％和 24.88％。随着试点工程的正常运行，用水管理的进一步加强，管理单位年度水费将进一步减少，这个问题应引起关注并加以妥善解决。

（9）水权收储转让作用明显，区域用水效益提升，综合效益突出。工程节水效果正常发挥后，不仅能实现节水压超增产的目标，还能节约 12000 万 m³ 水权用于收储转让。该水权转让后，按照内蒙古自治区万元新增工业增加值用水量计算，每年可为自治区新增工业增加值 655.02 亿元，年度 GDP 增长率为 4%，按照 GDP 每增加一个百分点，可新增 150 万个就业岗位计算，每年可促进 600 万人就业。同时区域农业、工业和生态用水结构得到优化，用水综合效益明显提升，水资源价值充分体现。

三、市场化水权交易阶段❶（2016 年以来）

（一）水权交易阶段背景

2016—2020 年是全面建成小康社会的决胜阶段，是全党全社会加快推进"四个全面"战略布局的关键五年，经济社会发展对水利建设提出了新的更高的要求。2014 年 3 月，习近平总书记提出"节水优先、空间均衡、系统治理、两手发力"治水思路，要求"推动建立水权制度，明确水权归属，培育水权交易市场"。2014 年 11 月，国务院总理李克强来到水利部考察并主持召开座谈会，强调要加快水利发展，对水权制度改革提出明确要求。党中央、国务院的一系列决策部署，为加快培育水权水市场指明了方向。2016 年 4 月，水利部正式印发《水权交易管理暂行办法》（水政法〔2016〕156 号），为水权交易的进一步开展提供了依据和遵循，同年 10 月，国家级水权交易平台正式建立。2017 年 10 月，党的十九大报告中更是明确提出贯彻创新、协调、绿色、开放、共享的发展理念，建立符合生态文明要求的社会主义市场经济机制，使市场在资源配置中起决定性作用。

内蒙古自治区在国家政策的导向下，不断引入市场要素进入水权交易市场，始终贯彻政府、市场两手发力的核心理念，有效地促进水权逐渐向高效率、高效益行业和企业流转。政府拉郎配的水权有偿分配模式效率低下、缺乏弹性，出现的交易合同执行情况不理想、节水工程款到位慢、用水指标闲置等问题亟待解决。

在这样的背景下，内蒙古自治区通过不断探索，逐步完善水权中心，建立水权交易市场运作机制和方式，采取公开交易与协议转让两种方式，解决水资源利用效率低下的问题。从制度建设和交易实践两方面出发，有效促进了内蒙古黄河流域水权转让逐步向市场化方向发展。

---

❶ 这一阶段的水权有偿出让由协议转让逐渐过渡到公开交易形式，即通过在水权交易平台挂牌公开征集意向，交易对象应牌后经系统撮合成交的一种交易方式，具有显著的市场配置特征。

（二）水权交易阶段交易实践

2016 年 11 月 21 日，水权中心通过中国水权交易所公开挂牌，向鄂尔多斯市、乌海市、阿拉善盟三个盟市公开转让合计 2000 万 m³/a 的水权指标，交易期限为 25 年，总成交水量为 5 亿 m³/a，交易价款为 3 亿元（首付）。挂牌后，三个盟市多家企业积极应牌，最终内蒙古荣信化工有限公司等 5 家企业达成受让意向，2000 万 m³/a 的水权指标全部成交。

2017 年 11 月 20 日，7 家企业与河灌总局、水权中心举行内蒙古黄河水权转让闲置水指标盟市间协议转让签约仪式。此次协议转让共涉及 28 家企业，其中签约 7 家企业，其余 21 家企业于 12 月 10 日前陆续签约。此次水权转让是继 2016 年 11 月收回 2000 万 m³/a 闲置水指标，在中国水权交易所公开交易之后，再次收回 4150 万 m³/a 闲置水指标，在内蒙古自治区水权交易平台协议转让，主要解决鄂尔多斯市、乌海市和阿拉善盟等沿黄盟市现状取用地下水的工业项目用水问题，共置换现状取用地下水量 3800 余万 m³/a，基本解决了区域地下水超采和地下水生态恶化的问题。剩余的 350 万 m³/a 闲置水指标，将用于新增项目用水。

（三）水权交易阶段制度建设

1. 出台《内蒙古自治区农业水价综合改革实施方案》

内蒙古自治区人民政府于 2016 年 11 月 3 日印发了《内蒙古自治区农业水价综合改革实施方案》（内政办发〔2016〕158 号）。改革实施方案共 6 章 17 条，主要明确了以下内容：

（1）明确了制定改革实施方案的目的和指导思想、基本目标、基本原则、要求等。

（2）明确了改革的主要任务。主要任务有建设配套供水计量设施、完善农田灌排工程体系、推进农业水权制度建设、提高农业供水效率和效益、加强农业用水管理、推广节水技术、创新终端用水需求管理、建立农业水价形成机制、建立农业用水精准补贴和节水奖励机制。

（3）明确了改革任务的实施步骤。试点先行，以点带面，全面推进（2016—2020 年）；着力配套完善灌排工程和供水计量设施（2016—2025 年）；全面推进农业水价综合改革（2020—2025 年）。

（4）明确了保障措施。要加强组织领导、明确各部门责任、做好宣传培训。

2. 出台《内蒙古自治区水权收储转让中心有限公司交易资金结算管理办法》

2017 年 7 月 21 日，经水权中心第二届董事会第三次会议审议通过《内蒙古自治区水权收储转让中心有限公司交易资金结算管理办法》，并自通过之日起实施。管理办法主要明确了以下内容：为规范在水权中心进行的水权交易资金结算行为，根据《内蒙古自治区水权交易规则》，制定该办法。办法所称的交易资金包括交易保证金、交易价款和交易服务费，针对不同的交易资金类型，明确了资金结算管理办法。

3. 出台《内蒙古自治区水权交易管理办法》

内蒙古自治区人民政府于 2017 年 2 月 14 日出台了《内蒙古自治区水权交易管理办法》（内政办发〔2017〕16 号），自 2017 年 4 月 1 日起施行。交易管理办法共 6 章 39 条，主要明确了以下内容：

（1）明确了制定交易管理办法的目的和依据、适用范围、基本原则、基本要求、监督管理的权限、收储转让的平台等。

（2）对可交易水权的范围和类型作出了相关规定。灌区或者企业采取措施节约的取用水指标、闲置取用水指标、再生水等非常规水资源、跨区域引调水工程可供水量可以收储和交易；用水总量达到或者接近区域用水总量控制指标的区域，新建、改建、扩建项目新增用水需求原则上应当通过水权交易方式解决；水权交易一般应当通过水权交易平台进行，也可以在转让方和受让方之间进行；内蒙古自治区水行政主管部门认定的闲置取用水指标的水权交易、盟市间水权交易或者交易量超过 300 万 m³/a 的水权交易，应当在水权中心进行；内蒙古自治区依法设立水权交易平台，各盟市可以根据当地水权交易需要依法设立水权交易平台，为水权交易和收储提供服务。

（3）对交易程序、交易费用和交易期限作了规定。

1）交易程序：水权交易一般应当遵循六个步骤，包括申请、公告、意向受让登记和审核、确定交易方式、签订协议、价款结算等。

2）交易费用：水权交易的基准费用由取得水权的综合成本、合理收益、税费等因素确定。灌区向企业水权转让的基准费用包括节水改造相关费用、税费等。

3）交易期限：水权交易期限应当综合考虑水权来源、产业生命周期、水工程使用期限等因素合理确定，原则上不超过 25 年。灌区向企业水权转让期限自节水工程核验之日起计算，其他水权交易期限参照灌区水权转让期限确定。

（4）明确了有关部门负责对水权交易行为进行监督管理，以及有关各方的责任、禁止交易的情形。旗县级以上人民政府水行政主管部门应当按照管理权限加强对水权交易实施情况的跟踪管理，加强对相关区域的灌溉用水、地下水、水生态环境等变化情况的监测，并适时组织水权交易的后评估工作。

（5）为了防范水权交易可能存在的风险，交易管理办法明确规定了城乡居民生活用水、生态用水等五种情形不得开展水权交易，并要求旗县级以上人民政府水行政主管部门应当逐步建立和完善水权交易管理制度和风险防控机制。

4. 出台《内蒙古自治区水权收储转让中心有限公司风险控制管理办法》

水权中心于 2016 年 11 月出台了《内蒙古自治区水权收储转让中心有限公司风险控制管理办法》，自 2017 年 9 月 22 日起实施。管理办法共 4 章 19 条，主要明确了以下内容：

（1）规定了针对不同类别的风险，采取不同的控制办法。风险类型包括交易风险、突发事件风险和其他风险。

（2）提出了明确的风险控制管理条例。水权交易参与人对《水权交易申请书》等材料的真实性、完整性、有效性负责。水权中心对交易人提交的材料进行审核，通过后方可交易；为有效规避违约风险，水权中心实行交易保证金制。水权中心可以通过要求交易参与人报告情况、谈话提醒、书面警示等措施警示和化解风险。已取得受让权的受让方，不按期与转让方签订交易协议的，或者不履行交易协议的，视同放弃受让权，若未对转让方造成损失，则其缴纳的保证金在扣除交易服务费后返还；若对转让方和水权中心造成损失，则转让方可以在受让方缴纳的保证金扣除交易服务费用的限额内，主张赔偿责任。当出现相关利益方投诉、有证据证明交易行为对生态环境可能产生或正在产生不良后果及信息公告期间出现影响交易活动正常进行的情形或交易主体提出中止信息公告等情形时，水权中心应要求交易参与人提供补充材料，采取约谈提醒或者中（终）止交易等措施。

（3）出台了突发事件风险控制管理条例。突发事件应急处置由水权中心风险控制小组负责，组长由水权中心负责人担任，成员包括水权中心经营班子成员、各部门负责人；风险控制小组办公室设在风险防控部，负责水权中心风险控制日常管理事务。水权中心在处置突发事件时，应遵循"合法、合规、诚实、信用"的基本原则，依照风险预警、事件处置和总结完善的法定程序；发生突发事件时，应积极调动全部的资源和力量，落实应急措施，在最短时间内高效、快速、有序地进行处置。突发事件处置完毕后，风险控制小组应对突发事件处置工作进行总结分析，完善突发事件风险控制管理办法。

5. 出台《内蒙古自治区发展和改革委员会关于内蒙古自治区水权交易服务收费标准有关问题的复函》

2017 年 6 月 19 日，内蒙古自治区发展和改革委员会以《内蒙古自治区发展和改革委员会关于内蒙古自治区水权交易服务收费标准有关问题的复函》（内发改费函〔2017〕314 号）批准了水权中心交易服务费的收费标准，自印发之日起执行。复函明确，灌区或者企业采取措施节约的取用水指标、闲置取用水指标、再生水等非常规水资源、跨区域引调水工程可供水量等范围的水权交易，只对受让方收取交易服务费，水权收储及出让方不承担交易服务费。复函主要明确了以下内容：

（1）水权交易成交总金额在 3000 万元以下（含 3000 万元）的，按照成交总金额的 1.5％收取。

（2）水权交易成交总金额为 3000 万～6000 万元（含 6000 万元）的，按照成交总金额的 1.25％收取。

（3）水权交易成交总金额为 6000 万～1 亿元（含 1 亿元）的，按照成交总金额的 1％收取。

（4）水权交易成交总金额为 1 亿～3 亿元（含 3 亿元）的，按照成交总金额的 0.75％收取。

（5）水权交易成交总金额超过 3 亿元的，按照成交总金额的 0.5％收取。

（四）水权交易阶段成效

经过不断地市场化水权交易实践探索，通过建立闲置水指标处置机制，有效盘活了内蒙古黄河流域的存量水资源。通过采用市场调节方式，加速了农业灌溉用水向工业项目用水转变。内蒙古自治区首次运用市场机制配置水资源，在水利改革中具有里程碑意义，对全国水权制度建设产生了重要示范带动作用。

1. 通过建立闲置取用水指标处置机制有效盘活存量水资源

内蒙古自治区先后两次收回了 0.20 亿 m³/a 和 0.415 亿 m³/a 的闲置取用水指标，并通过水权交易平台进行市场化交易，有效促进了水资源集约高效利用，有效处置和利用了闲置取用水指标。闲置取用水指标的处置分三步进行：①水权中心依据有关文件解除水权合同；②自治区水利厅按照闲置取用水指标处置办法，收回闲置取用水指标；③通过水权交易平台进行再交易，其中 0.20 亿 m³/a 的闲置取用水指标通过中国水权交易所进行公开交易，0.415 亿 m³/a 的闲置取用水指标通过水权中心进行协议转让。

2. 通过公开交易建立水权交易价格形成机制

根据黄委批复的《内蒙古自治区黄河干流水权盟市间转让河套灌区沈乌灌域试点工程可行性研究报告》和《内蒙古自治区水利厅关于〈内蒙古自治区黄河干流水权盟市间转让试点工程初步设计报告〉的批复》，按照计算公式：水权交易总费用/（水权交易期限×年交易量），确定水权交易价格为 1.03 元/（m³·a），同时根据一期试点工程的实际情况，经水权中心、河灌总局、用水企业三方协商，明确了水权交易费用支付方式。通过明确水权交易价格和费用支付方式，初步建立了内蒙古特色的盟市间水权交易价格形成机制，保障了试点期内水权交易公开公正并规范有序地进行。

3. 通过平台建设实现内蒙古自治区水权转让市场化运作

水权中心成立后，积极发挥其在水权收储和水权交易方面的作用，先后与河灌总局、水权受让企业签订三方合同，在促成盟市间水权交易和处置闲置取用水指标方面发挥了重要作用。几年来，水权中心健全完善了企业法人治理结构，建立了水权交易大厅，开通了水权中心官网，与中国水权交易所达成战略合作伙伴关系，逐步迈入规范化运作轨道，为打破盟市间水权交易、拓展水权交易的广度及深度奠定了基础，不断开展多层次、多形式的水权交易。

第二章　内蒙古黄河流域水权交易需求研究

一、沿黄地区自然禀赋

（一）自然地理

内蒙古自治区位于中国北部边疆，地域辽阔、地形狭长，横跨西北、华北、东北地区，东西长达 4000 余 km，南北宽约 1700km，总面积为 118.3 万 km²，占全国总面积的 12.32%，东与黑龙江、吉林、辽宁省相邻，西与宁夏、甘肃省（自治区）接壤，南部自东向西和河北、山西、陕西省毗邻，北部和东北部分别与蒙古、俄罗斯等交界。按流域划分，从西到东分别为西北诸河流域、黄河流域、海滦河流域、辽河流域、嫩江流域、额尔古纳河流域。内蒙古黄河流域位于黄河中上游，地处黄河最北端，煤炭、土地、有色金属、天然气等自然资源丰富，但水资源匮乏。流域面积为 15.12 万 km²，占内蒙古自治区总面积的 12.78%。黄河从宁夏石嘴山进入内蒙古自治区，流经区内的阿拉善盟、乌海市、巴彦淖尔市、鄂尔多斯市、包头市、呼和浩特市等 6 个盟市，由鄂尔多斯市榆树湾出境，境内河长 840km。内蒙古自治区地貌有黄河冲积平原、阴山山地、鄂尔多斯高原、丘陵及沙漠。

黄河冲积平原总面积为 1.88 万 km²，其中沙丘海子面积约 0.28 万 km²，平原呈东西带状分布，黄河横贯其中。北岸有河套、三湖河、土默川平原；南岸有巴拉亥、建设、解放、胜利、公山壕及四合兴等小平原，地面坡降为 1/400～1/800。

阴山山脉海拔为 1500～2000m，山脉呈东向西展布，由大青山、乌拉山和狼山组成，包头市以东为大青山，包头市—西山嘴为乌拉山和狼山。阴山山脉是黄河流域与内陆河、海滦河的分水岭，其南侧沟谷发育，自大青山东端至狼山西端，共计有大小山沟 289 条。

鄂尔多斯高原表现为波状高平原，东侧为准格尔黄土丘陵，西侧为中低山地型，南北两端有毛乌素沙漠和库布齐沙漠。高原整个地形是西南高东北低，地面高程为 1200～1600m。

准格尔黄土丘陵和清水河低山丘陵分布在准格尔旗、伊金霍洛旗、清水河县、和林格尔县一带，海拔为 1000～1500mm，丘陵区沟壑纵横，水土流失很严重。

库布齐沙漠位于黄河南岸鄂尔多斯台地的北部，为带状分布，面积约 1.03 万 km²。库布齐沙漠紧邻黄河，是黄河泥沙主要来源之一。毛乌素沙漠位于鄂托克前旗、乌审旗，面积约 2.41 万 km²，多为链状或垄状沙丘。乌兰布和沙漠位于阿拉善盟荒漠东部，黄河西岸，总面积为 1.3 万 km²，为流动和半流动沙丘。黄河流域内蒙古自治区段分为河套平原、阴山山脉和鄂尔多斯高原三大类地形地貌区域。区域内平原、丘陵、山地和高原多，森林覆盖率低，土地荒漠化严重，整体生态环境较为脆弱，制约了当地发展。

（二）水文气象

内蒙古自治区水资源总量为 426.5 亿 m³/a，仅占全国水资源总量的 1.3%，其中地表水资源量占全国地表水资源总量的 0.8%，地下水资源量占全国地下水资源总量的 2.8%。与内蒙古自治区总面积占全国总面积的 12.32% 相比，水资源明显匮乏。内蒙古黄河流域水资源总量为 56.42 亿 m³/a（矿化度小于 2g/L 并扣除重复计算量），其中地表水资源量多年平均为 21.10 亿 m³/a，地下水资源量多年平均为 47.71 亿 m³/a。内蒙古黄河流域面积为 15.19 万 km²，占全区面积的 13.1%，但地表水资源量只占全区地表水资源总量的 5.2%，水土资源不匹配，水资源严重匮乏、时空分布极不均匀。内蒙古黄河流域年均水资源可利用总量为 89 亿 m³/a，其中黄河分水量为 58.6 亿 m³/a，人均水资源量（含分水量）为 900m³/a，仅为全国平均水平的 41%。内蒙古黄河流域地下水来源主要有降水入渗补给、山丘区山前侧向补给、地表水渗漏补给三类。地表水渗漏补给主要来源于河套灌区、鄂尔多斯市黄河南岸灌区及土默川三大灌区，补给量占平原区总补给量的 1/3。根据《内蒙古自治区水资源公报》（2003—2016 年）统计数据，2003—2016 年内蒙古自治区黄河流域水资源量见表 2-1：

表 2-1　　　　2003—2016 年内蒙古自治区黄河流域水资源量　　　单位：亿 m³/a

年份	地表水资源量	地下水资源量	总水资源量
2003	16.02	56.16	56.92
2004	14.31	52.61	51.34
2005	8.26	42.76	34.61
2006	13.86	47.84	45.93
2007	17.66	54.27	56.26
2008	16.62	56.41	58.17
2009	11.25	48.64	43.62
2010	12.32	51.69	48.77

年份	地表水资源量	地下水资源量	总水资源量
2011	10.3	48.03	42.73
2012	12.54	61.24	59.14
2013	9.53	53.27	47.26
2014	5.42	52.93	43.74
2015	4.13	47.08	40.74
2016	21.18	57.99	68.86

从表2-1中可以看出，内蒙古黄河流域地表水资源短缺，水资源总量变化不均且受地下水资源量影响较大。水资源较匮乏、降水贫乏不均，水资源紧缺已成为内蒙古自治区经济社会发展的重要制约因素。再加之内蒙古黄河流域属北温带大陆性干旱气候，区域降水量小，年降水量为150～450mm，且从东南向西北呈递减趋势。降水多集中在7—9月，占全年降水量的70%，年内分布极不均匀。而年蒸发量为1200～2000mm，蒸发量为降雨量的4～8倍。全年中，1月、2月、11月、12月温度为零度以下，多年平均气温为5.0℃左右。年日照时数为3000～3200h，日照百分率为67%～73%。年均风速为1.5～5.0m/s，部分地区大于5m/s。无霜期一般为130～200天。总体来看，气温和降水量季节性变化大，湿度小，温差大，风大沙多，光、温、水地域差异明显。

以鄂尔多斯市为例，其属于典型的温带大陆性气候，风大沙多，干旱少雨，属资源性、工程性和结构性缺水并存的地区。全市地表水可利用量为1.66亿 m^3/a，地下水可开采量12.22亿 m^3/a，扣除地表水和地下水重复计算量0.71m^3/a，本地水资源可利用总量为13.17亿 m^3/a。黄河是鄂尔多斯市唯一一条过境河流，流经长度为728km，按照"八七分水"方案内蒙古自治区分配给鄂尔多斯市黄河水权为7亿 m^3/a。因此，全市水资源可利用总量为20.17亿 m^3/a。水资源人均占有量为1008m^3/a，与全球人均水资源占有量10000m^3/a、全国人均水资源占有量2240m^3/a相比，仅占全球人均水资源占有量的1/10、不到全国人均水资源占有量的1/2，按照国际通行惯例，鄂尔多斯市属于严重缺水地区。

（三）矿产资源

内蒙古自治区是我国发现新矿物最多的省份。1958年以来，我国获得国际上承认的新矿物有50余种，其中10种发现于内蒙古自治区。截至2015年年底，保有资源储量居全国之首的有17种、居全国前3位的有43种、居全国前10位的有85种。稀土查明资源储量居世界首位；全区煤炭累计勘查估算资

源总量为 8518.80 亿 t，其中查明的资源储量为 4220.8 亿 t，预测的资源储量
为 4298.00 亿 t。全区煤炭保有资源储量为 4110.65 亿 t，占全国总量的
26.24%，居全国第一位；全区金矿保有资源储量金为 688.86t，银为 48817t；
铜、铅、锌 3 种有色金属保有资源储量为 5041.18 万 t（2016 年）。

位于黄河南岸的鄂尔多斯市素有"地下煤海"之称，含煤面积约占全市总
面积的 70%；已探明储量占全区的 1/2，占全国的 1/6；已探明精煤储量为
1244 亿 t，年生产能力为 4000 万 t。鄂尔多斯市盆地里的苏里格天然气田，是
迄今我国发现的世界级陆上特大整装气田，已探明天然气储量为 5000 亿 m³/a，
煤气层储量达 10000 亿 m³/a，开发利用前景十分广阔。鄂尔多斯地区同时具
有丰富的无机化工原料资源。已探明天然碱储量为 6000 万 t，食盐储量为
1000 万 t，芒硝储量为 70 亿 t，其纯度和结晶度国内外罕见。该地区的建材资
源也十分丰富，已探明石膏储量约 35 亿 t，石灰石储量为 65 亿 t，高岭土储量
为 65 亿 t。鄂尔多斯市还有品种齐全、蕴藏丰富的化工资源，主要有天然碱、
芒硝、食盐、硫黄、泥炭等，还有伴生物钾盐、镁盐、磷矿等，这些都为鄂尔
多斯市工业开采和产业发展奠定了基础。

乌海市已探明各类矿产 20 余种，占地 59 处，占内蒙古自治区已发现矿产
地总数的 6.4%，其中已探明储量的有 14 种：煤炭、铁、铅、锌、砂金、水
泥灰岩、电石灰炭、熔剂灰岩、制矿灰岩、建材灰岩、建材黏土、石黄砂岩、
耐火黏土、辉绿岩，占内蒙古自治区 71 种矿产的 19.7%，其中炼焦用煤、优
质黏土和石灰岩，在数量上和质量上均居内蒙古自治区之首。已探明煤炭储量
为 44 亿 t，全部为炼焦用煤，占内蒙古自治区炼焦用煤的 82.6%，耐火黏土
储量为 7.23 亿 t，石炭岩储量为 8.53 万 t。

包头市是内蒙古自治区铁路沿线矿产资源最多的地区，境内拥有白云鄂博
铁矿（1966 年被确认为世界上最大的稀土矿），该市的矿产资源具有种类多、
储量大、品位高、分布集中、易于开采的特点，尤以金属矿产得天独厚，其中
稀土矿不仅是包头的优势矿种，也是国家矿产资源的瑰宝。已发现矿物 74 种，
矿产类型 14 个。

呼和浩特市已发现矿产有 20 多种，矿产地 88 处，非金属矿产为该地区的
优势矿产资源，特别是石墨矿与大理石矿，已探明石墨储量为 90.8 万 t，大理
石储量为 546 万 m³/a。

二、引黄灌区概况

内蒙古自治区引黄灌区地处内蒙古自治区西中部，横跨阿拉善盟、乌海
市、巴彦淖尔市、鄂尔多斯市、呼和浩特市、包头市等 6 个盟市，主要包括李
井滩扬水灌区、巴音陶亥灌区、河套灌区、黄河南岸灌区、镫口扬水灌区、民

族团结灌区、麻地壕扬水灌区等 7 个灌区。灌区主要种植小麦、玉米和葵花等粮油作物，灌区灌溉年均引黄水量为 65.5 亿 m³，退水量为 15.68 亿 m³，农业耗水量为 49.82 亿 m³。

自 1999 年以来，内蒙古引黄灌区在国家和内蒙古自治区的大力支持下，实施了"大中型灌区续建配套与节水改造工程""水权转换工程"等节水工程建设项目，涉及灌区渠道衬砌、排水沟开挖和渠（沟）系建筑物、引水建筑物改造和建设以及田间节水灌溉技术改造等重要建设内容，灌区工程状况有了明显改观，灌区灌排条件得到了明显改善，各灌区的灌溉水利用系数有了一定提高，2016 年李井滩扬水灌区的灌溉水利用系数为 0.608、巴音陶亥灌区的灌溉水利用系数为 0.570、河套灌区的灌溉水利用系数为 0.420、黄河南岸灌区的灌溉水利用系数为 0.544、镫口扬水灌区的灌溉水利用系数为 0.464、民族团结灌区的灌溉水利用系数为 0.474、麻地壕扬水灌区的灌溉水利用系数为 0.489。

（一）河套灌区

河套灌区位于黄河上中游内蒙古段北岸的冲积平原，引黄控制面积为 1743 万亩，现引黄有效灌溉面积为 861 万亩，农业人口 100 余万人，是亚洲最大的一首制灌区和全国三个特大型灌区之一，也是国家和内蒙古自治区重要的商品粮、油生产基地。河套灌区地处我国干旱的西北高原，降水量少，蒸发量大，属于没有引水灌溉便没有农业的地区。新中国成立以后，经过几代人的不懈努力，各项事业得到了长足的发展，现已初步形成灌排配套的骨干工程体系。全灌区现有总干渠 1 条，干渠 13 条，分干渠 48 条，支、斗、农、毛渠 8.6 万多条，排水系统有总排干沟 1 条，干沟 12 条，分干沟 59 条，支、斗、农、毛沟 1.7 万多条，各类建筑物 13 万余座。

新中国成立以来，河套灌区水利建设大致经历了三个阶段。从新中国成立初期至 20 世纪 60 年代初期，重点解决了引水灌溉工程。1959—1961 年，兴建了三盛公水利枢纽工程，开挖了输水总干渠，使河套灌区引水有了保障，结束了在黄河上无坝多口引水、进水量不能控制的历史，开创了河套灌区一首制引水灌溉的新纪元。从 20 世纪 60 年代中期开始，灌区进入了以排水建设为主的第二个发展阶段。1957 年疏通了总排干沟，1977 年建成了红圪卜排水站，1980 年打通了乌梁素海至黄河的出口，其间还开挖了干沟、分干沟和支、斗、农、毛沟，使灌区的排水有了出路。20 世纪 80 年代，灌区引进世界银行贷款 6000 万美元，加上地方配套资金共投资 8.25 亿元，重点开展了灌区灌排配套工程建设，完成了总排干沟扩建、总干渠整治"两条线"和东西"两大片"八个排域的 315 万亩农田配套。从此，河套灌区结束了有灌无排的历史，灌排骨干工程体系基本形成。从 20 世纪 90 年代开始，随着黄河上游工农业经济的发展和用水量的增加，上游来水量日趋减少，再加上河套灌区和宁夏灌区用水高峰重叠，以及灌区内复种、套种指数的提高，灌溉面积的增加，使灌区的适时引水日益困难。因此，自 1998 年起，灌区进入了以节水为中心的第三个阶段。

近年来，灌区认真贯彻水利部提出的"两改一提高❶"精神，积极争取国家对灌区节水改造项目的投资。自 1998 年到 2012 年累计总投资 13.68 亿元，灌区发展到 2006 年已比 1999 年节水 1.46 亿 m³/a，到 2012 年已比 1999 年节水约 3 亿 m³/a，随着工程整体运行寿命的延长，全灌区工程完好率由 1998 年的 61.6% 提高到 2012 年的 73.8%。同时，减少了侧渗，降低了土地盐碱化程度，促进了周边生态环境的好转。

在改革方面，一是大力推行用水户参与灌溉管理改革。群管改制覆盖全灌区，共组建各类管水组织 1183 个，其中农民用水户协会 341 个。为了进一步深化群管体制改革，2005 年巴彦淖尔市政府出台了《群管组织❷和用水户参与灌溉管理暂行办法》，特别是 2006 年，市政府出台了《完善群管体制改革全面推行"亩次计费❸"的实施意见》，为全面推行"亩次计费"创造了条件；二是大力推行以"管养分离❹"为主的国管工程管理体制改革。改革覆盖面达到了国管渠沟道的 2/3 以上，共完成标准化渠堤建设 700km；三是试行人事制度改革，在基层所段，推行了岗位竞聘制度；四是稳步推行水价水费改革，对群管水价改革也进行了有益探索。多年来，河套灌区通过改革、发展和建设，不断提高灌区现代化管理水平，实现了水务民主化、农牧民收入与灌区水利管理水平的同步提高。在大型灌区节水改造建设、用水户参与式管理、管养分离、信息化建设等多个方面，走在了全国大型灌区的前列，受到了水利部、国家发展改革委等部委的多次表彰。

（二）黄河南岸灌区

黄河南岸灌区是内蒙古自治区 6 个大型引黄灌区之一，由上游的自流灌区和下游的扬水灌区两部分组成，主要作物为玉米、葵花和小麦，属于国家及内蒙古自治区的重要商品粮食基地。灌区位于鄂尔多斯市北部，黄河右岸（南岸）鄂尔多斯台地和库布齐沙漠北缘之间的黄河冲积平原上。灌区西起黄河三盛公水利枢纽工程，东至准格尔旗的十二连城，北临黄河右岸防洪大堤，南接库布齐沙漠边缘，呈东西狭长条带状分布，沿黄河东西长约 412km，南北宽 2～40km，由于受山洪沟和沙丘的阻隔，灌区呈不连续状。自流灌区和扬水灌

---

❶ 两改一提高：通过灌区节水技术改造和用水管理体制改革，提高水的利用效率和效益。

❷ 群管组织：由用水户组织建立，参与灌区管理的组织机构。

❸ 亩次计费：根据每亩地每次实际用水量计算每次水费。

❹ 管养分离：将灌区的渠道运行管理和维修养护分离开。

区分别位于杭锦旗和达拉特旗境内。

灌区属典型的温带大陆性气候。春季干燥多风,夏季温热,秋季凉爽,冬季寒冷而漫长,寒暑变化剧烈,土壤冻融期长,降水少而集中,蒸发旺盛,光能资源丰富。灌区地貌形态由洪冲积平原(低缓沙地)和黄河冲积平原(一级、二级阶地)构成。洪冲积平原南与库布齐沙漠相连,北接黄河冲积平原,地形总趋势为南高北低,坡度为 1°～3°,地面高程为 1010.00～1060.00m,表土由第四系全新统洪冲积砾石、中细砂、粉细砂、粉砂质黏土组成,南部分布有垄岗状、新月形活动沙丘,沙丘一般高 3～30m;冲积平原沿黄河分布,地势平坦,总趋势为西高东低,地面坡度为 0.5°～3°,微向黄河倾斜,主要由一级、二级阶地组成,其上零星分布有湖沼、洼地,水文地质条件较复杂,含水层较厚,蕴藏丰富的地下水资源。

黄河南岸灌区总土地面积为 717.3 万亩,耕地面积为 267 万亩,2016 年灌溉面积约 139.6 万亩。按水源引水方式灌区分为自流灌区和扬水灌区两部分。自流灌区地处灌区上游,位于杭锦旗境内,2016 年灌溉面积约 40.4 万亩。自流灌区由 5 个灌域组成,从上游至下游依次为昌汉白灌域、牧业灌域、巴拉亥灌域、建设灌域和独贵塔拉灌域。渠系多由干、支、斗、农渠组成,间有渠道越级取水现象。扬水灌区地处灌区下游,位于达拉特旗境内,由 23 处扬水泵站进行提水灌溉,2016 年灌溉面积为 99.2 万亩。灌区由 9 个灌域组成,从上游至下游依次为杭锦淖尔灌域、中和西灌域、恩格贝灌域、昭君坟灌域、展旦召灌域、树林召灌域、白庙子灌域、白泥井灌域、吉格斯太灌域。一些灌域内插花分布数量不等的井灌区,灌溉面积合计 45.3 万亩。渠系由干、支、斗、农渠组成,存在 2 级、3 级提水现象。

经过十多年的大规模改造建设,2012 年自流灌区绝大多数干、支、斗、农、毛渠已实现衬砌,排水沟布局较为合理,灌排建筑物配套基本完备,灌溉和排水条件得到了改善,尤其是灌溉条件改善显著。灌区现有渠道干渠 1 条,长度为 190.00km;分干渠 2 条,总长度为 45.46km;支渠 51 条,总长度为 250.16km;斗渠以下田间渠道总长度为 1000 多 km;总排干沟 1 条,长度为 62.43km,排水干沟 3 条,总长度为 152.01km;各类建筑物 29820 座。

扬水灌区由 23 处扬水泵站进行提水灌溉,渠系由干、支、斗、农渠组成,其中干渠 26 条,总长度为 155km;支渠 134 条,总长度为 346.17km;斗渠 400 条,总长度为 446.74km。干渠 2016 年引水流量为 0.125～4.848m³/s;支渠 2016 年分水流量为 0.125～1.0m³/s。扬水灌区有穿堤涵洞 33 座,交叉建筑物 2 座,干、支渠进水闸、节制闸 55 座,生产桥 13 座。部分渠道实现衬砌和建筑物配套。排水系统有总排干沟 1 条,长度为 22.4km;干沟 2 条,总长度为 20.74km;支沟 13 条,总长度为 35.693km;排水泵 5 座。

（三）镫口扬水灌区

镫口扬水灌区位于大青山南麓土默川平原，在呼和浩特市和包头市之间。灌区总土地面积为192万亩，耕地面积为146万亩，设计引黄灌溉面积为116万亩。2000年节水改造规划面积为67万亩，其中一级扬水灌溉面积为57万亩，二级扬水灌溉面积为10万亩。2012年实际灌溉面积约56万亩，主要承担包头市九原区、土右旗和呼和浩特市土左旗共21个乡镇的农田灌溉任务，是内蒙古自治区重要的粮食、经济作物产区。

灌区系黄河冲积平原，地形由西北向东南倾斜，地面坡降为1/5000～1/7000。土壤主要为砂壤土和壤土。土右旗1970—2012年多年平均年降水量为350.7mm，多年平均年蒸发量为1094mm。

总干渠全长18.05km，比降为1/10000，底宽25m，边坡坡比为1∶1.5～1.75，渠深1.7～3m，设计流量为50m³/s，加大流量为60m³/s，其主要任务是为民生渠、跃进渠输水，主要建筑物有枢纽分水节制闸1座、支渠口闸6座和退洪闸4座。民生渠全长52.6km，设计流量为30m³/s，加大流量为36m³/s，承担农田设计灌溉面积32万亩，同时还承担哈素海二级灌域10万亩农田灌溉和哈素海供水任务；跃进渠全长59.85km，设计流量为20m³/s，加大流量为23m³/s，承担农田设计灌溉面积24万亩。

（四）民族团结灌区

民族团结灌区位于黄河左岸，东西长50km，南北宽13km，灌域包括2镇1乡203个自然村，总人口7.9万人，农业人口7.9万人。灌区总土地面积为74.7万亩，耕地面积为46万亩，设计灌溉面积为31.2万亩，有效灌溉面积为30.26万亩，2016年实际灌溉面积为22.5万亩。

灌区建成于1958年，1963年由自流灌溉改为柴油机扬水灌溉，1966年由柴油机扬水灌溉改为现在的电力扬水灌溉。1975年增设民利扬水泵站，2013年完成民族团结泵站与民利泵站更新改造。两站均为岸边临时浮动式泵船扬水泵站。浮船泵站现有钢船14艘（其中泵船6艘、变压器船2艘、驮管船6艘），机泵24台（套）；变压器容量为4800kVA，总动力为3168kW，多年平均年扬水量为1.1亿m³。灌区现有总干渠及干渠4条，长110.54km，已衬砌57.59km；支渠及干斗渠22条，长128.8km；支渠及以上建筑物169座。

（五）孪井滩扬水灌区

孪井滩扬水灌溉工程从宁夏中卫市北干渠二号跃水处取水，经四级泵站扬水到孪井滩扬水灌区，总扬程为238m，净扬程为208m，设计流量为5m³/s，加大流量为6m³/s。灌区有扬水泵站4座；输水干渠4条，全长43.51km；渡槽5处，总长1990m；涵闸等建筑物共26座。灌区设支干渠2条，总长

20.5km；支渠 5 条，总长 26.83km；斗渠 6 条，总长 175.42km。灌区规划面积为 24.6 万亩，设计灌溉面积为 17.2 万亩。灌区 2016 年引水指标为 5000 万 m^3/a。

（六）巴音陶亥灌区

巴音陶亥灌区位于黄河中上游，是乌海市最大的扬水灌区。该灌区在乌海市海南区巴音陶亥乡境内。东靠鄂尔多斯市鄂托克旗，西临黄河与宁夏石嘴山市隔河相望，北至渡口村，南至都斯兔河。地形变化较大，总趋势由东北向西南倾斜，地面坡度为 1/1500～1/5000。巴音陶亥灌区现有灌溉面积 0.15 万 hm^2，灌溉方式为扬水泵站提黄河水进行灌溉。一级扬水泵站建于 1966 年，装机容量为 1085kW，扬程为 19m，总提水流量为 $2.0m^3/s$，二级扬水泵站建于 1968 年，装机容量为 850kW，扬程为 22m。灌区输水渠道总长度为 153.266km，其中一级干渠 1 条，总长度为 21.102km，二级干渠 3 条，总长度为 21.974km，支渠 82 条，总长度为 65.49km，斗渠 122 条，总长度为 44.707km，农渠 55 条，总长度为 18.32km。渠系建筑物共 115 座，其中分水闸、节制闸 64 座，桥 30 座，倒虹吸 21 座，支渠、斗渠及农渠长 113.68km。

（七）麻地壕扬水灌区

麻地壕扬水灌区始建于清朝乾隆年间，1966 年渠系工程基本形成，1976 年改扩建后初具规模。麻地壕扬水灌区隶属于内蒙古呼和浩特市托克托县政府，管理单位是内蒙古托克托县黄河灌溉总公司。1979 年成立托克托县麻地壕扬水灌区管理局，1984 年改名为托克托县麻地壕扬水灌区总站，1992 年改名为托克托县黄河灌溉总公司，县政府体制改革定性为企业。

麻地壕扬水灌区包括两个灌域（包括大黑河河道），总土地面积为 123.54 万亩，设计灌溉面积为 53.02 万亩，其中黑河水灌溉面积为 7.45 万亩。经多年建设，灌区现已建成总干渠 1 条，干渠 2 条、分干渠 5 条，支渠 85 条，支渠以上渠道总长度为 373.50km，骨干渠系建筑物 488 座；排水骨干工程现有总干沟（大黑河故道）1 条，经过灌区内长 31km，干沟、分干沟（包括什拉乌素河、哈素海退水渠）4 条，支沟以上排水沟总长度为 51.10km；大井壕灌域完成了西一、西二分干渠部分渠段的衬砌，西一分干左五支渠、崞县营支渠的衬砌；丁家夭灌域完成了东三分干渠宝号营站后下游部分渠段的衬砌，东二分干渠太水营支渠、东三分干左七支渠、东三分干北斗干斗渠渠道的衬砌。灌区在渠首工程方面，现已完成麻地壕泵站的机械维修和节能改造，对泵房及部分水工建筑物进行了改建与补修。完成了衬砌渠段的建筑物维修与配套；支渠以上骨干渠系上的 5 级以上扬水泵站节能改造和泵房维修也基本完成；新建、改建渠系建筑物 105 座，维修渠系建筑物 43 座，维修及节能改造泵站 12 座，完成了麻地壕、丁家夭等 2 座变电站的节能改造。

三、水资源供需矛盾突出

内蒙古自治区是我国经济发展最快的省（自治区、直辖市）之一。人均GDP超过我国平均水平。边境口岸众多，与京津冀、东北、西北地区经济技术合作关系密切，是京津冀协同发展辐射区。

在内蒙古黄河流域，经济社会发展和城市化进程极为迅速。以鄂尔多斯市为例，在农业主导的时期，鄂尔多斯市曾是贫穷落后地区，随着西部大开发、国家能源战略西移等一系列重大战略的实行，作为国家重要的能源化工基地，鄂尔多斯市依托丰富的资源，着力构建"大煤炭、大煤电、大化工、大循环"四大产业，一大批煤电、煤化工项目纷纷落户鄂尔多斯市，在这些工业项目的带动下，鄂尔多斯市经济迅猛发展，城市化进程快速推进，经济社会发展取得重大进步。伴随内蒙古黄河流域经济社会的高速发展，对当地水资源的需求也将进一步加剧。

（一）供水情况

根据《内蒙古自治区水资源公报》（2010—2015年）统计数据，内蒙古黄河流域2010—2015年供水情况见表2-2和图2-1。从表2-2和图2-1可以看出，内蒙古黄河流域供水总量及地表水供水量在上下波动中呈先增加后减少再增加的趋势。地下水供水量2010—2012年呈逐年增加的趋势，2013—2015年呈逐年减少的趋势。其他水源供水量2010—2013年呈逐年增加的趋势，2014—2015年呈逐年减少的趋势。

表2-2　　　　　内蒙古黄河流域 2010—2015 年供水情况　　　单位：亿 m³/a

流域	年份	地表水供水量	地下水供水量	其他水源供水量	总供水量
黄河流域	2010	61.20	26.00	0.49	87.69
	2011	61.41	28.78	0.88	91.07
	2012	54.89	30.04	1.40	86.33
	2013	55.40	29.45	2.35	87.20
	2014	58.03	28.00	1.92	87.95
	2015	61.44	27.39	1.84	90.67

根据《内蒙古自治区水资源公报》（2010—2015年）统计数据，内蒙古黄河流域2010—2015年各行业用水量详见表2-3和图2-2。

从表2-3和图2-2可以看出，2010—2011年内蒙古黄河流域工业用水量呈逐年增长的趋势，2012—2015年呈逐年减小的趋势，同时2010—2015年地下水用水量也在逐年大幅递减，通过多年水权转让，有效弥补了这部分水量缺

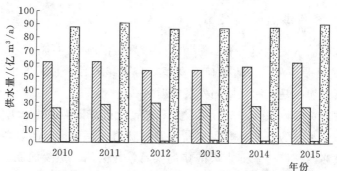

图 2-1　内蒙古黄河流域 2010—2015 年供水情况

表 2-3　　　　　内蒙古黄河流域 2010—2015 年各行业用水量　　　　单位：亿 m³/a

年份	农业	林牧渔业	工业		城镇公共	生活	生态	合计
			总计	其中地下水				
2010	68.52	4.36	9.89	—	1.22	2.44	1.26	87.69
2011	68.82	5.85	10.98	6.19	1.22	2.60	1.59	91.06
2012	61.61	6.86	10.43	6.06	1.22	3.01	3.22	86.35
2013	62.87	7.81	10.51	4.78	1.22	2.97	1.82	87.20
2014	66.18	6.98	9.01	4.59	1.13	3.02	1.63	87.95
2015	67.99	7.59	8.60	4.05	1.04	3.17	2.29	90.68

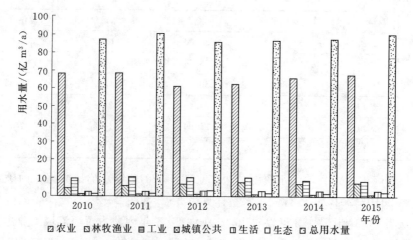

图 2-2　内蒙古黄河流域 2010—2015 年各行业用水量

口，保证了工业用水需求。就农业用水量而言，2010—2011 年内蒙古黄河流域基本平稳，2012—2013 年呈逐年下降的趋势，2014—2015 年呈逐年增加的趋势。2010—2015 年内蒙古黄河流域林牧渔业用水量基本呈逐年增加的趋势。2010—2015 年内蒙古黄河流域城镇公共用水量、生活用水量基本持平，生态用水量 2010—2012 年呈逐年增加的趋势，2013—2014 年呈逐年减小的趋势。

　　内蒙古黄河流域资源富集、文化发达，沿黄河两岸是内蒙古自治区经济最发达的地区，GDP 占全区的 50% 以上，全区近 70% 的电力装机、80% 的钢铁、50% 的有色金属和绝大部分的煤化工、装备制造、农畜产品加工、建材加工制造等集中于此。呼和浩特市、包头市、鄂尔多斯市是内蒙古自治区重点工业地区和经济的重要支撑点，煤炭、电力、钢铁等重点项目对水资源的需求十分巨大。但由于用水配额 90% 以上为农业用水，工业用水缺口日益加大，许多新增沿黄地区能源化工项目因为没有用水指标而搁置，工业用水与农业用水之间的供需矛盾日渐突出。

　　从图 2-3 可以看出，内蒙古自治区地区工业用水量在 2013—2016 年逐年下降，但农业用水量整体处于上升趋势，在整个以农业用水为主导的大背景下，水资源难以自发向产生更高效益的方向流动。

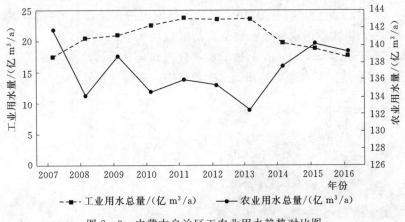

图 2-3　内蒙古自治区工农业用水趋势对比图

　　内蒙古自治区黄河灌区附近集中分布了六个大型灌区，是农田灌溉面积较集中地区，也是社会经济用水大户。特别是黄河干流区有 5 个大型灌区直接由黄河引水，导致人口、城市、工业密集，城市和工业用水与农田灌溉用水之间的争水矛盾突出。1987 年，国务院分配给内蒙古自治区 58.6 亿 m³/a 的耗水指标，这是根据黄河多年平均来水确定的水量指标。由于近年来黄河上游来水量偏少，按照丰增枯减的原则，内蒙古自治区分配到的耗水指标不到 40 亿 m³/a。如果黄河上游来水连续偏枯，有可能会更少。水资源供需的主要矛盾是工业发展用水紧张、有用水需求却无用水指标与农业用水大量浪费、需要节水却缺乏投资之间的矛盾。

（二）用水结构

内蒙古自治区是黄河流域传统的灌溉农业区，在历史上重视农业灌溉水资源配置的背景下，农业灌溉配置的初始水权比重过大，导致了现状用水结构与经济社会发展严重不协调。引黄灌区灌排工程老化失修严重，渠道砌护率低，渠系渗漏严重，水利用系数仅为 0.4 左右，再加上田间灌溉定额偏大，导致农业灌溉用水比例高达 90%~96%，其中 50% 以上的水量在输水环节白白浪费，农业灌区具有一定量的节水潜力。近几年大力推行农业节水灌溉，农业用水量呈明显下降趋势。由于受近几年经济发展速度减缓影响，工业项目部分停产，同时各工业企业开展节水改造提高用水效率，导致工业用水量减小。内蒙古黄河流域 2015 年各行业用水结构示意如图 2-4 所示。

（三）产业结构

内蒙古自治区沿黄地区的客观自然条件和严峻水资源形式，在一定程度上制约了经济社会的发展和人民生活水平的提高。

从图 2-5 可以看出，2003 年内蒙古自治区第一、第二、第三产业结构比为 18：40：42。就全区而论，2003 年农业产值仅占内蒙古自治区地区生产总值的 7.8%，但农业用水量却占到全自治区总用水量的 87.55%，占内蒙古自治区地区生产总值 39.89% 的工业用水量只占到全自治区总用水量的 9.14%。可见产业用水结构不合理也是加剧水资源供需矛盾的主要原因之一。

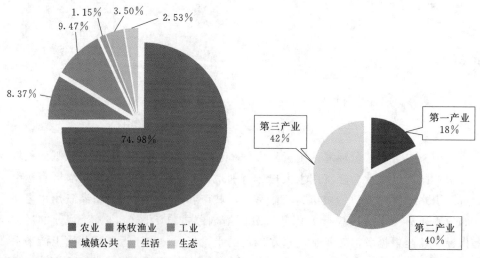

图 2-4　内蒙古黄河流域 2015 年　　　　图 2-5　2003 年内蒙古自治区产业结构
　　　各行业用水结构示意图

如图 2-6 所示，根据《中国统计年鉴》（1993—2016 年）统计数据，内蒙古自治区第一产业增加值已趋于稳定，第三产业比重逐年增大且增加速率不断上升，第二产业在经历了快速增长阶段后，近几年产值开始呈现下降趋势。如何合理调整工业布局和工业结构，引导工业项目向水源工程附近布局，并将农业节余水量用于工业，引导水资源从低效益行业往高效益行业流转，成为了促进工业发展的新契机。如何统筹农牧业、工业、生活和生态用水，提高城市用水管理水平，全面建设节水型社会，更是"十三五"规划中亟待解决的问题。

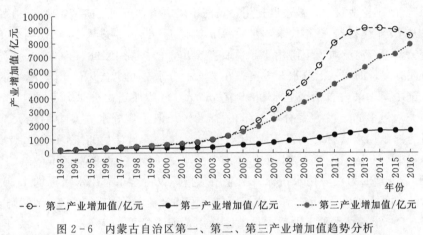

图 2-6　内蒙古自治区第一、第二、第三产业增加值趋势分析

随着中国经济发展进入新常态，加快工业产业结构调整，实现产业转型的任务更加紧迫，认清形势、把握机遇，事关内蒙古自治区内工业经济"十三五"期间转型发展成败。除了发展第一、第二产业，更要把推动服务业大发展作为内蒙古自治区促进消费、优化产业结构的战略重点，不断提高服务业发展水平，力争到 2020 年，服务业产值占地区生产总值的比重达到 45% 左右。尽管面临水资源匮乏、用水短缺的诸多困境，但水资源浪费现象依然严重，在生产生活领域存在着较为严重的结构型、生产型和消费型浪费。

（四）水资源开发利用情况

虽然黄河水资源开发利用历史悠久，但在新中国成立前规模较小，且属局部。新中国成立后，兴建了大量的水利工程，黄河水资源的开发利用才进入了全面、高效发展的新阶段，用水规模也迅猛扩大，黄河地区工农业耗用黄河河川径流量由 1949 年的 74 亿 m³，增长到 1990 年的 278 亿 m³，增加了近 3 倍。1988—1992 年平均年耗用黄河河川径流量为 308 亿 m³。黄河地区各部门用水量中农业灌溉是用水大户，工业、城镇生活和农村人畜用水量的比重相对较小。1990 年各部门总引用水量为 478 亿 m³，其中引用地下水量为 114 亿 m³，引用河川径流量为 364 亿 m³（耗河川径流量为 278 亿 m³）。在总引用水量中，农业灌溉引水量为 407 亿 m³，占总引用水量的 85%；工业、城镇生活用水量为 57 亿 m³，占 12%；农村人畜用水量为 14 亿 m³，占 3%。从引用水量的地区分布看，主要集中在宁蒙河套和黄河下游沿黄地区，该两区共引用水量为 325 亿 m³，占总引用水量的 68%（2007 年统计）。

黄河水量分配方案实施以前，黄河水资源是一种典型的"开放的可获取资源"，流域上下游自由取水，各行其是。为满足日益增长的水需求，引黄水量迅速增加，从 20 世纪 50 年代到 90 年代，引黄水量增长了 1.5 倍。作为"公共资源"，由于免费获取，被过度耗用，黄河不堪重负，黄河下游从 1972 年开始断流，从 70 年代初到 80 年代末，平均每 5 年有 4 年断流，进入 90 年代则是年年断流。鉴于黄河流域上下游用水矛盾日益突出，国务院于 1987 年颁布了黄河水量分配方案，即"八七分水"方案。在"八七分水"方案总共 370 亿 m³/a 的水量分配中，内蒙古自治区分水 58.6 亿 m³/a，是参加当次分水方案的 11 个省区中分水最多的，占方案分水总量的 15.8%。但是，分水方案中的绝大部分水量为灌溉用水指标，而非工业用水指标。内蒙古自治区将 58.6 亿 m³/a 中的 7 亿 m³/a 分配给鄂尔多斯市，其中工业初始水权 0.913 亿 m³/a，其余 6.087 亿 m³/a 为农灌用水指标，工业用水指标仅占全市总用水指标的 1.30%。从黄河 1988—2002 年径流系列分析可知，平均径流量为 451.58 亿 m³，接近枯水年（$P=75\%$）水平，内蒙古自治区耗用黄河水量平均为 61.52 亿 m³，同期内蒙古沿黄地区的指标耗水量为 45.62 亿 m³ 计，超用水 15.9 亿 m³。

近些年，内蒙古黄河流域依托煤炭等矿产资源优势，经济发展较快，GDP 占全区的 65%，在自治区经济社会发展中占有重要的地位。伴随着固定资产投资的不断增加，工业项目对水资源的需求急剧增加，供需矛盾日益突出，水资源匮乏成为制约鄂尔多斯等地区经济社会发展的主要瓶颈，大量工业项目因为缺乏水指标而搁置。总体来看，随着经济的快速发展，需水量不断增加，从 1980 年到 2000 年内蒙古自治区用水总量增加了 60.9%，其中地下水开采量增加了 156.42%，地表水用水量增加了 35.02%。随着水资源开发利用程度的提高，一系列经济社会可持续发展与水资源之间的矛盾也日益突出。

（1）大部分地区用于农业生产的地表水资源开发利用程度高，但是利用效率低。主要表现为：主体工程建设标准低，渠系配套差，工程老化严重。以巴彦淖尔市为例，其所处的河套灌区是我国最大的大型自流灌区之一，是内蒙古自治区重要的商品粮产区，年引黄灌水量为 51.99 亿 m³（1987—1997 年均值）。河套灌区大部分建筑物修建于 20 世纪 60—70 年代，建设标准低，老化失修严重，灌溉渠道水有效利用系数仅为 0.42。

（2）缺乏科学合理、可行的水资源开发利用综合规划。这一问题在牧区尤为突出，牧区水利基础工作薄弱，以前的工作大都围绕一些水利工程进行，考虑短期效益，缺乏一个从人口、资源、环境、水资源优化配置和可持续利用发展战略高度的综合规划。此外，传统的灌溉方式和原始粗放的灌水技术也是导致水资源浪费严重的重要因素。

（3）部分城镇和集中开采区出现超采现象。大部分城镇供水利用地下水，随着城镇化水利用率的提高，城镇地下水开采量、开采范围不断扩大，由于长期集中开采，浅层地下水在个别城市基本消耗殆尽。此类地区，地下水开采逐渐转向消耗深层承压水，导致地下水开采过度，水位持续下降，引发城区地面沉降、劣质水入侵、水环境恶化，周边地区农业机井报废，开采效率降低。

（4）水资源紧缺与水资源浪费并存。内蒙古自治区中西部广大地区水资源都存在不同程度的紧缺。但与之极不相称的是在生产生活领域存在着较为严重的结构型、生产型和消费型浪费，水资源浪费十分严重。就全区而论，农业生产总值仅占全区 GDP 的 27.04%，但农业用水量却占到全区总用水量的 88.38%；在生产领域，2000 年万元工业增加值用水量为 $170 \sim 251 \mathrm{m}^3/\mathrm{a}$，是国内发达地区的 3.3～4.9 倍。区内废污水的重复利用率为 3%，远低于全国平均水平。城镇供水管网漏失率大于 20%。

（5）水污染范围不断扩大，水源恶化形势日趋严重。2000 年全区工矿企业废污水排放量达 3.95 亿 m^3，生活污水排放量为 2.13 亿 m^3，每年排入河道的污水量达 3.52 亿 m^3。污水排放量逐年增加，污染面不断扩大。以呼和浩特市为例，浅层水污染范围已扩大到 $207\mathrm{km}^2$，其中不能作为生产生活用水水源的面积为 $90\mathrm{km}^2$，大于城市自来水供水范围（$70\mathrm{km}^2$）。

四、水权交易必要性

内蒙古黄河流域水权制度建设是在传统的行政水资源配置手段无法解决水资源短缺瓶颈的背景下开展的，回头来看是一个从无到有、不断创新和完善的过程。总体来看，内蒙古黄河流域水权制度的创新路径，经历了一个"盟市内水权转换→盟市间水权转让→市场化水权交易"的过程。

（一）中国水资源管理制度框架

在我国，水资源的所有权由国务院代表国家行使，政府代表或代理国家支配水资源。由于政府的自然资源所有权与行政权是结合配置的，其对资源产权的行使主要表现为资源行政管理，以资源行政管理替代资源产权管理。在管理体制上，我国对水资源实行流域管理与行政区划管理相结合。在既有的体制下，由流域管理机构组织各地方政府，即相关利益主体进行协商成为理想的选择，这种方法考虑到了相关利益主体的公平权利对待，从宏观上维护整个流域的可持续发展的可能。但是，由于利益主体的多元化且数量众多，它们之间进行协商谈判的成本极高，而且可能高到难以达成协议的程度。

在传统管理体制下，水资源的有效调度靠的是行政配置。而行政配置是利用计划指令按地域分配资源，其决策机制特征是黑箱作业、中央（部门）拍板和高度集权，其管理模式是通过流域管理机构进行集权决策与管理，其约束机制主要是行政手段和"长官意志"，在这种体制下，用户处于被动接受地位，既无参与权也无表达权。行政配置模式实际上是一种典型的计划经济模式，其资源配置效率很低，对利益主体的约束性也极差，直接后果就是流域水供求矛盾更加突出。在 21 世纪初，内蒙古黄河流域快速发展的经济社会对水资源的需求愈演愈烈，已无法满足新增用水户的需求，无法对实际引水量实行有效监督和控制，分水方案已得不到有效落实，这其实已经表明了传统行政配置模式已经达到了极限。

综上所述，内蒙古黄河流域水资源管理的现实需求催生了水权改革理念及现实实践。与此同时，内蒙古自治区在城市化和工业化的进程中，水资源的供需矛盾日益突出，水资源问题成为内蒙古自治区社会经济发展的瓶颈，严重制约着内蒙古自治区地方发展。一方面国务院分配的黄河取水量已不能满足内蒙古自治区的用水需求，地下水超采问题迟迟得不到有效解决；另一方面传统以行政配置为主的水资源管理模式无法有效提高水资源的利用效率和效益，水资源紧缺的局面迟迟得不到有效缓解。面对国家分配的用水总量不变与内蒙古自治区工业需求取水量逐年增多的局面，内蒙古自治区只能通过自身进行"开源节流"来解决这一用水突出矛盾。通过"开源"性的工程技术措施增加水资源的可供给量，一定程度上缓解了供需矛盾，但要根除紧张的供需矛盾问题还需要"节流"。内蒙古自治区存在水资源用水效率低、用水结构不合理、农业用水浪费严重和工业用水匮乏等现象，相关调查显示，内蒙古自治区工农业节水潜力比较大，但是由于节水工程量大、财政投入有限，在实际运行中存在较大困难。因此，如何提高水资源的利用效率和配置效率，如何把水资源的使用和管理模式从"开发利用型"向"节水效率型"转变，成为内蒙古自治区经济社会发展的主要问题之一。这种背景下，开展水权改革、建立水市场成为了解决水资源短缺、化解水资源矛盾的根本途径。

（二）盟市内水权转换时期

早在 1998 年，自治区水利厅就曾在托克托电厂与麻地壕灌区之间、岱海电厂与岱海灌区之间进行了水权转换探索。2002 年以来，内蒙古自治区向黄委申请取水指标一直得不到批准，水资源短缺的问题无法解决，项目投资方十分着急，各级地方政府特别是各级水行政主管部门面临巨大的压力，多方寻找对策但苦无良策。同时，内蒙古自治区引黄灌区存在灌排工程老化失修严重、渠道衬砌率低、渠系渗漏严重、渠系水利用系数低、田间灌溉定额偏大、农业用水浪费的严峻现状。综上所述，盟市内水权转换时期存在灌溉制度、取用水审批制度、水资源费征收制度、水资源有偿使用制度、地下水管理制度缺失等问题。

（三）盟市间水权转让时期

随着内蒙古自治区经济社会的发展和京津冀地区对清洁能源需求的加大，全区工业项目需水量持续大幅度增加。据 2014 年统计，仅鄂尔多斯市因无用水指标而无法开展前期工作的项目就有 100 多个，需水量达 5 亿 m^3/a 左右。通过近些年盟市内水权转换试点工作的开展，除河套灌区以外，其他灌区的节水潜力已经不大。河套灌区引黄水量占全区引黄总水量的 80％左右，其灌溉水利用系数不足 0.40，用水浪费严重，节水潜力巨大。盟市间水权转让呼之欲出，但与之相对应的转让期限、费用、管理细则等并未有相关依据。工业用水稀缺，大批待上马项目急需取用水指标，但同时部分企业由于种种原因又出现了闲置水指标现象。综上所述，盟市间水权转让时期存在行业用水标准、闲置水指标制度、水权转让工程管理制度、水权转让指导意见缺失等问题。

（四）市场化水权交易时期

以 2013 年水权中心的成立为标志，内蒙古黄河流域水权交易市场化正式开始。通过十余年的不断探索，相关政策的不断健全，促进了内蒙古自治区水权市场的不断发展。市场化水权运作，逐渐减弱了政府无偿配置资源的作用，强化了水资源市场化调整在经济结构调整中的地位，有效地促进了水权逐渐向高效率、高效益行业和企业流转。内蒙古自治区水权试点工作开展后，按照内蒙古自治区水行政主管部门的统一部署，水权中心先后与十多家用水单位签订了《内蒙古自治区黄河干流水权盟市间转让合同书》，分期分批将收到的水权交易合同资金用于河套灌区节水改造工程建设。然而，受到国际国内经济形势等因素影响，合同执行情况不理想，市场这只"看不见的手"并未在内蒙古黄河流域水权交易中充分发挥作用。综上所述，市场化水权交易时期存在农业水价改革制度、水权交易平台管理制度、水权交易规则、交易风险防控制度缺失等问题。

第三章 内蒙古黄河流域水权交易建设理论

内蒙古自治区按照国家新的治水方略，坚持科学发展观，以水权水市场理论为指导，以流域和区域水资源总体规划为基础，以实现水资源合理配置、高效利用和有效保护以及建设节水型社会为目标，以节约用水和调整用水结构为手段，通过政府调控，市场引导，平等协商，兼顾效率与公平，统筹水权交易全过程，农业节水支持工业和城市发展，工业发展积累资金又转而反哺农业，农业节水改造建设与水权交易同步进行，促进内蒙古自治区经济社会协调发展。通过内蒙古黄河流域十余年的水权交易探索性实践，建立了一整套完备的水权交易制度体系，背后有着强大的管理学、经济学、社会学等理论支撑。

一、相关理论基础

（一）准公共物品理论

公共物品是同时具有消费非竞争性和受益非排他性的物品。消费的非竞争性指的是对物品额外的消费不会影响其他消费者的消费水平；受益的非排他性指的是物品的受益要排除他人存在困难。依据这两种特征的不同情况，公共物品又可细分为纯公共物品、准公共物品。纯公共物品在消费上具有非竞争性，同时具有受益非排他性，如国防、法律等。准公共物品具有消费竞争性、受益非排他性，又称为公共池塘资源，如矿产、渔场、水资源、森林、牧区等。

准公共物品具有"外部性""产权不完全界定""消费具有竞争性与非排他性"和"过度使用"四个比较明显的特点。

（1）准公共物品具有较强的外部性。准公共物品直接影响公众的社会福利水平，对社会生产生活的许多环节造成影响。

（2）准公共物品的产权不完全界定。准公共物品的供给主体并非一成不变，存在多主体供给可能性，其产权是动态变化的。

（3）准公共物品的消费具有竞争性与非排他性。准公共品的非排他性是一个动态的变化过程，当消费者的数量增加时，准公共物品的边际成本为正，这个边际成本为正的值就是"拥挤点"，到达"拥挤点"后，每增加一个人的消费，就减少原有消费者的效用。

（4）准公共物品消费存在"过度使用"问题。在缺乏严格有效的监管时，作为理性人的个体会滥用"公地"资源，从而会导致"公地悲剧"现象发生。

准公共物品的消费关系到全社会的福利，过度使用会使准公共产品的质量降低，从而导致所有利益相关者的收益受损。

（二）公共治理理论

对于准公共物品的管理，需运用公共治理理论。公共治理理论将部分公共责任转移到非政府机构和个人身上，通过政府、企业、团体和个人的共同作用实现系统最优化效应。消费非竞争性或受益非排他性，使得有限的公共资源注定受到过度开采和消耗，从而产生"公地悲剧"现象，政府难以掌握充分而准确的信息和大规模干预需要巨大的财政支持的现实，因此在治理实践中，政府不能提供绝对有效的监督和制裁。当公共池塘资源本身是流动性资源时，产权的归属不明晰，导致公共池塘资源在产权的私有化方面存在理论和现实方面的困境，会更加增加不必要的成本等问题。作为准公共物品，公共池塘资源不同于私有物品，它是在消费意义上难以排他而由公众共享的资源，同时公共池塘资源又不同于可以无限消费的公共物品，而是存在"拥挤点"的有限公共资源，会随着人们无尽的使用而减少，在消费意义上具有非此即彼的竞争性。对于公共池塘资源的管理最为有效的方法是通过谈判、规范、互惠等交互形式协调所有涉及的多利益主体，通过规范集体选择路径的方式解决准公共产品供给与消费中出现的问题，从而促进准公共产品供给效率与社会整体福利最大化，以实现社会可持续发展与和谐发展的目标。

（三）水资源供需理论

水资源属于典型的准公共物品，供需管理是关键。

供给理论主要涉及两个层面：①基于政府供给的准公共物品供给理论。水资源作为准公共物品可由政府供给。由于"外部性"无法通过修改交易合同内容得到纠正，需要由政府对该领域的投资进行"特别鼓励"和"特别限制"消除私人净产量和社会净产量之间的偏差。但政府供给同样存在失灵的现象，由于政府提供准公共品的动机与公益目的不一致，政府难以掌握充分而准确的信息，政府大规模干预需要巨大的财政支持，难以测评及监督政府供给准公共品的质与量，导致了政府供给准公共品的低效率。②基于市场供给的准公共物品供给理论。水资源作为一种准公共物品可由市场供给，个人在准公共品提供的种类和规模中起到的作用甚小，需要由各种利益集团的协商谈判决定，应按一致同意规则对各种准公共品提供方案进行选择。当某一方案得到各方同意时，各方都真实显示了其需求，由此产生有效的均衡供给和价格。

基于马斯洛需求层次理论对应水资源开发利用中的工程水利、资源水利和人水和谐部分，水资源需求理论包含三个层面：①第一层次的需求是基本需求。指满足生物生存、企业开工生产、河湖基本健康所需要的基本水量，主要体现为对水量的需求，在此层次，水资源量成为主要限制因素，不满足需求则面临生存威胁；②第二层次的需求是发展需求。指超越水资源量的限制，只为满足经济、社会的快速发展，在此层次，用水效率较高；③第三层次的需求是和谐需求。指最高层次的水资源需求，此层次实现了人水和谐，经济、社会、环境协调发展，用水公平、公正，工程条件发挥极致，全社会实现了全面节水，用水效率极高，水资源需求趋于稳定。

（四）水权水市场理论

2000 年，时任水利部部长汪恕诚首次提出水权水市场概念，在这种背景下，内蒙古自治区应用水权水市场理论进行不断探索，总结出了一套符合内蒙古特色的水权市场理论。

水权水市场理论以准公共物品理论、公共治理理论和供需理论为基础，围绕水资源的准公共特性，即消费竞争性和受益非排他性，依据公共治理理论，政府和市场两手发力，提出在水资源指标总量控制下最优化闲置指标动态流转的原则。我国宪法明确规定，水资源的所有权归国家所有，因此水资源所有权不能作为交易的对象，流转的对象是水资源的使用权。水资源的使用权由国家进行初始配置，形成水资源的一级市场。内蒙古自治区水权交易经历了由水权转换到水权转让，再到水权交易的发展过程，即由政府之间的水权流转，发展到政府和工商企业之间的水权转换，再到节水改造在农户之间水权转换的过程。由此形成水资源的二级市场，即市场配置方式。水权交易遵循公共治理理论，在政府的指导下，即通过政府进行"特别鼓励"和"特别限制"消除私人净产量和社会净产量之间的偏差，以达到降低外部性的目的，通过政府、企业、团体和个人之间的谈判、规范、互惠等交互形式协调水资源的最优化配置。水权交易是实施水资源供给侧改革的重要方式，从供给角度看，水权资源供给经历了从政府单一供给向政府提供初始供给，市场根据现实需求对初始供给进行灵活调整的发展过程。原因在于水资源是一种准公共物品，"外部性"无法通过修改交易合同内容得到纠正，需要发挥政府在资源配置领域的指导作用，来消除私人净产量和社会净产量之间的偏差。但由于政府难以掌握充分而准确的信息，会导致市场失灵，需要市场根据现实对水资源供给进行相应的调整。从需求的角度看，水权交易满足了基本的生物生存、企业开工生产、河湖基本健康等人类经济社会对水资源的需求，实现了人水和谐，经济、社会、环境协调发展。

水权交易市场应遵循：①水权使用权出让给市场主体后，市场主体之间根据水权交易方案，通过协议调整水资源的利用，并进行有偿转让；②水权的获取必须依据取水许可制度，转让的水权流向必须符合国家产业政策，必须以满足发展需要为限，必须符合国家水资源保护政策这三条原则；③政府是水资源调控的主体，采取"制定规划""确定分水方案""制定用水定额""加强行政审批"等措施，改善水资源开发利用条件，对水资源进行保护，以维护社会公平，保障全民权利的实现；④县级以上人民政府水行政主管部门或者流域管理机构应当加强对水权交易实施情况的跟踪检查，完善计量监测设施，适时组织水权交易后评估工作；⑤跨行政区域间水的分配和流域间水的分配，由中央政府作为代表来行使，地方政府只有监管权，其必须通过法律的授权进行水资源管理，按照有偿使用的原则向市场主体出让水权，进行行政审批。

二、水权交易契约网络理论分析

本书运用契约理论剖析内蒙古黄河流域水权交易实践，基于不完全契约理论、复杂适应系统思想、新制度经济学理论，构建内蒙古黄河流域水权交易契约网络，对水权交易契约网络的特征、内涵、运营机制进行分析。针对水权转换、水权转让、水权交易三个时期涉及的交易主体、客体、环境三大管理要素进行识别，明确内蒙古黄河流域水权交易制度形成机制。

（一）水权交易契约网络基础理论

1. 复杂适应系统

复杂适应系统（complex adaptive systems，CAS）是指在系统变迁发展过程中，主体能通过学习改进自己的行为，且相互协调、相互适应、相互作用的复杂动态系统，具有聚集性、非线性、多样性、流动性等特征。

（1）聚集性有两个含义：第一个含义是指简化复杂系统的一种标准方法，相似的事物聚集成类；第二个含义是指个体通过"黏着"形成包含多个体的较大的聚集体，既不是简单的合并，也不是消灭主体的吞并，是新类型的、更高层次上的个体的出现。

（2）非线性：指个体以及它们的属性在发生变化时，并非遵从简单的因果关系，而是在系统的反复交互作用中呈现出非线性特征。

（3）多样性：在适应过程中，因为外界条件的影响，个体之间的差别会发展与扩大，最终形成分化。

（4）流动性：在个体与环境之间、个体与个体之间存在有物质流、信息流，这些流的渠道是否通畅，周转迅速程度，直接影响系统的演化过程。

CAS理论从主体主动与其他主体和环境相互作用，不断改变自身和环境的角度去认识和描述系统行为。CAS理论中的主体是指构成复杂适应系统的大量的具有主动性的个体，任何特定的适应主体所处环境的主要部分都是由其他适应主体组成的，任何主体所做的努力就是去了解并适应别的主体，主体的主动性以及它与环境之间反复的相互作用正是系统发展和进化的基本动因，适应性造就复杂性。这种通过具有自主行为能力、有明确目标的适应性主体与其他主体或环境并行地、独立地进行相互作用的方法研究复杂系统，是 CAS 理论与其他理论相区别的地方。

2. 新制度经济学

新制度经济学是以制度为主要内容的经济理论，它着重于研究人、制度与经济活动之间的关系，以保证国家各项政策的顺利执行和各项工作的正常开展。新制度经济学派在新古典经济学分析的基础上，围绕交易成本理论、产权理论、契约理论、制度变迁理论等建立了新的理论体系。其逻辑关系是经济发展的绩效是由人们的经济活动、经济行为造成的，而人们的活动、行为方式和逻辑是由人们的动机决定的，人们的动机则是由他们所生活于其中的制度所诱导、塑造和决定的。所以，影响经济绩效即交易边际效益的好坏以及评价标准的最终决定因素就是制度。

新制度经济学认为对过去某一个交易对象的良好经验和对未来交易的预期，可能会影响当前交易以及未来交易中采取的组织结构。此外，新制度经济学主要特征的交易成本理论的应用已拓展到了个体、政府、区域等多层面，并提出了基于制度理论选择以市场为媒介的经济行为的分析方法，水权交易中水权的定价正是交易成本理论应用的拓展。

3. 契约理论

（1）契约定义。契约是双方或者多方当事人之间的一种协议、约定，通俗地说就是合同，契约比合同的意义更广泛。在现实中，契约有短期的或长期的，正式的或非正式的，显性的或隐性的。在狭义上，所有的商品或劳务交易都是一种契约关系。经济学中的契约概念与法律规定的契约概念是很不相同的，当然也有一定的联系。在《牛津法律大辞典》中，契约是指两人或多人之间为在相互间设定合法义务而达成的具有法律强制力的协议。经济学中的契约概念则要宽泛得多，实际上将所有市场交易都看作是一种契约关系，并将此作为经济分析的基本要素。作为一个经济学分支，契约理论是博弈论的应用，用一种契约关系来分析现实生活中各类产品和劳务的交易行为，设计一种约束人们行为的机制或制度，以便实现社会福利最大化。现代契约理论基于人们理性的有限性、信息的不完全性以及交易事项的不确定性等因素区分了完全契约和不完全契约概念。

1）完全契约定义。完全契约是指缔约双方都能够完全预见契约期内可能发生的重要事件，愿意遵守双方所签订的契约条款，当缔约方对契约条款产生争议时，第三方（如法院）能够强制其执行。其为解决个人的道德风险问题、团队生产中的道德风险问题和动态条件下的承诺问题提供了有效的解决方案。

2）不完全契约定义。不完全契约是指缔约双方不能完全预见契约履行期内可能出现的个人的有限理性，外在环境的复杂性和不确定性，信息的不对称性和不完全性等，从而无法达成内容完备、设计周详的契约条款。为交易主体之间的不确定性决策问题提供了有效的解决方案。

（2）契约网络定义。随着信息技术的发展和产业不确定性的增加，契约关系正在呈现日益明显的网络化趋势。与此同时，人们对契约的认识也正在从线性的单链转向非线性的网链，契约的概念更加注重围绕核心利益相关者的网链关系，即一切利益相关者的契约关系。

4. 水权交易契约网络理论

水权交易契约网络主要用于描述在参与水权交易的多利益相关者之间，围绕着水权使用权的确权、节余、定价、交易、监管等环节所形成的复杂适应性系统，综合运用新制度经济学分析技术，解决水权交易中多利益相关者不确定性决策偏好下的集体选择机理分析问题。

（1）水权交易契约网络特征分析。水权交易契约网络具有明显的复杂适应系统特征。水资源系统受人口、环境、气候、经济发展、科学技术等众多因素的综合影响，呈现出聚集性、非线性、流动性、多样性等复杂系统特征。

1）聚集性。水权交易契约网络客观聚集性源于交易客体的自身属性，水资源在时间和空间上的分布存在差异，导致了水资源水量、水质的多层次性，与外界环境交互作用的开放性，各子系统以及不同层次之间交互作用构成了水权交易契约网络客观的聚集性。

水权交易契约网络主观聚集性源于契约网络多主体对水资源认识上的限制性。水资源系统中资源数量的不确定性、契约网络多主体之间信息交流的不对称性导致其契约网络非常复杂，使得人们对水土资源进行分配、利用、保护等活动呈现出明显的主观聚集性。主体理性的局限性，进一步决定了水权契约网络只能是一个不完全的契约网络。

2）非线性。水权交易契约网络随着国家政策的不断变化，水权交易制度呈现出从"水权转换"到"水权转让"再到"水权交易"的转变，这种转变并非是一种简单的因果关系，契约网络中的主客体、交易环境、交易价格等都呈现出了一系列的变化。各个因素之间不断影响，在反复交互影响的过程中呈现出明显的非线性特征。

3）流动性。水权交易契约网络参与主体的不断变化以及水权交易客体时间、空间上的动态变化促使水权交易呈现出流动性和柔性特征。流动特征体现在水资源使用权区域间的流动，以及水资源供需信息区域间的流动。同时水权契约网络中主体对客体的变化有着极高的反应速度，以满足不断变化的市场配置需要，体现了契约状态的流动性。

4）多样性。水权交易契约网络又具有明显的多样性及外部性特征，水资源作为一个特殊的资源受外部环境如人口、环境、气候、经济发展、科学技术等众多外部客观因素的影响，同时又受到了不同区域不同参与主体主观因素的影响，因此水权交易契约网络的构建需要从复杂系统的多样性角度进行考虑。

（2）水权交易契约网络内涵分析。

1）主客体识别。考虑到我国水资源的立法安排和资源开发情况，水权交易契约网络的主体包括各级政府、用水者协会、农村集体经济组织、事业单位、个人等。我国的法律明确规定"水资源归国家所有"，故这里的水权交易契约网络的客体是指国家法律法规规定的非限制性的水资源使用权。

水权交易的契约双方即水权交易的参与主体，即只要是需要用水的利益主体都可能成为水权交易的契约双方，内蒙古黄河流域水权交易契约网络主要包括政府、市场、公民三大主体：①政府主体。政府主体的代表是内蒙古自治区政府，其在整个契约网络中处于核心地位，主要目标为区域整体福利效用最大化。此外主要的政府主体还包括阿拉善盟、乌海市、巴彦淖尔市、鄂尔多斯市、包头市、呼和浩特市六个市级地方政府以及河套灌区、李井滩扬水灌区、黄河南岸灌区等灌区管理单位，主要目标为区域社会福利最大化和区域自身利益最大化；②市场主体。市场主体谋求的主要目标是企业效益最大化。市场主体具体包括工业用水企业、水权收储中心、供水公司；③公众主体。公众主体谋求的首要目标是个人效益最大化。公众主体具体包括从事农业生产的个体农户、农民用水者协会等。

2）责权分析。水权交易契约网络实现了交易、运营和监管"三分开"，从根本上实现政府、交易平台、使用单位三方权、责、利的优势互补。为保障这一过程的稳定实施，需要明确各利益相关者在契约关系中的权、责、利定位，建立内部治理机制。它是规范政府、交易平台、使用单位三者之间权、责、利的制度安排。

政府拥有水资源的使用权、支配权、决策权、用益权和让渡权，同时具有交易后评价和信息披露等权利。但国有资本的增值动力和保护机制很弱。需要将政府的部分权利转移到交易平台，即将资产的使用权、支配权从所有权中分离，由交易平台转化，使水资源形成新的产权结构。决策权主要是指政府应严格审批，并做出关键性的决策，出售给合适的水资源需求单位。水权交易平台作为政府水权交易的代理人，具有支配权，有选择购买方并与购买方签订契约的权利，有获取水权交易部分的用益权、支配权。在经济契约的监督下，水权交易平台的收益主要体现在水权交易确定后，水权交易平台获得的管理费。政府初始水权的拥有者应对水权交易进行评价，建立科学的绩效评价体系，政府内部有专人负责对交易信息进行收集整理和监督，使参与各方及社会公众能及时得到交易后评价的信息。同时水权交易平台有责任向交易双方提供尽可能多的信息，以确认交易的公平、公正和高效。

水权交易契约出让方需负责配合相关政府部门完成农业节水改造，并监督节水灌溉工程资金的落实情况，同时需要尽可能使自身所享有的水权发挥最大效用。出让方同时享有获取节约闲置水权剩余价值的权利。水权交易契约受让方主要是协助水权交易平台做好建设前期和建设过程中的管理工作，契约签订之后及时提供相关契约金。主要创造良好外部条件，以及确保购买的水资源能够充分使用。同时契约的购买方享有购买水权而产生的剩余价值。有权购买闲置水权，有权获得闲置水权的相关信息。

3）环境要素。在水权交易系统中除了交易的主客体这类主观要素，客观要素也是契约网络系统中不可缺失的一部分，主要包含生态环境、人文环境两类要素。其中，生态环境要素包含水文要素、植被要素、土壤要素、大气要素等。而人文环境要素主要包含经济发展要素和社会格局要素。不同地区水权交易的环境要素具有显著的异质性，需要因地制宜地开展分析。

（3）水权交易契约网络运营机制分析。网络结构是水权交易契约网络的核心机制，它指的是决策者之间具体的关系模式，是决策者之间关系的具体化。从水权交易的利益主体分析中可以看出，水权交易契约网络体现出了与传统行政科层网络所不同的"集中—分散"特征。"集中"指的是在水权交易契约关系存在与传统行政科层网络一致的权力集中管理模式，如政府对交易平台的管理契约关系。"分散"则是水权交易契约网络的又一大特征，即水权交易涉及多个管理体系的相互协调。图3-1反映了内蒙古自治区水权交易契约网络的"集中—分散"契约关系。

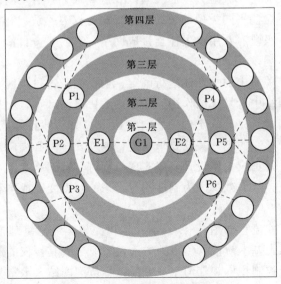

图3-1　水权交易契约网络结构

在契约网络结构中的主要行为者即为节点（node），行为者相互依赖，具有较多"资源"（信息、权力等）的行为者处于网络结构的中心地位，具有较少"资源"的行为者逐渐向网络边缘分布，呈现出多层次性。契约网络中的主体有省级政府、地方政府、水权收储中心、农户用水组织及用水主体，不同的主体间呈现出不同层次性的特点，这决定了网络具有一定的层次性。如图3-1所示，行为者离契约网络中心的位置越近，所处的层次越高。节点之间的各种关系是行为者之间博弈、协商合作以交互资源实现各自利益最大化的渠道。图3-1中的中心点G1位于第一层，一般代表资源较多、层级较高的政府管理主体，位于第二层的E1、E2……则是下一层中不同管理体系的主体，分别是各地的行政管理主体、水权收储中心等，第三层则是再下一层的管理主体，第四层及其外则是最终的用水主体，可以是工业企业、居民或者农户等。位于同一层级的主体存在着职权"分散"的特征，但却又在行政管理或是业务管理上接受上一层管理主体的"集中"管理，而每一主体与下一层级管理主体之间也存在这种"集中—分散"关系，不同管理体系的主体之间不存在明显的契约关系，当发生业务交叉或职权重叠时，需要通过向上层管理主体进行反馈，由上层管理主体协调沟通，实现共同管理的目的。

在内蒙古自治区水权交易契约网络中，线段（line）表示其连接的两个行为者之间存在的契约关系，代表行为具体内容产生的相互影响。各个行为者作为有限理性的个体，偏好差异性导致决策异质性，同时，这些行为决策对内蒙古自治区水权交易网络的影响成为其他行为者的间接决策因素，从而形成各种关系，如省级政府与区域地方政府之间以及区域地方政府之间的契约关系。从内容的角度看，这些不同类型的契约关系表现为权力关系、利益关系、行政关系等，它们将各级政府及用水主体连接成网络，对内蒙古自治区水权交易工作实施产生深刻影响。

通过对交互关系中的主客体进行确定，明晰内蒙古自治区水权交易参与主体与其在契约网络中所发挥的作用，辨析内蒙古自治区水权交易契约网络分析框架的内外部因素，以此确定内蒙古自治区水权交易的具体范围。具体而言，这种"集中—分散"的契约关系要求在进行制度安排时必须依据不同管理主体的现有的职能进行责权关系设计，以实现在现有契约网络基础上的行政管理与信息沟通等交互，从而减少因为制度改变带来的制度变迁成本和管理主体的制度学习成本。

水权交易运作流程如图3-2所示。水权交易契约网络理论所建立的交易过程主要包含八个基本阶段：①以地方人民政府或者其授权的部门、单位为主体，以用水总量控制指标和江河水量分配指标范围内结余水量为标的，在位于同一流域或者位于不同流域但具备调水条件的行政区域之间开展水权交易平台制度的建立；②因发展需求而出现分配水指标不足的企业或者单位或者个人向水权收储中心提出水权转让需求；③政府部门及水权收储中心针对相关需求与农业或者工业有相关指标的单位或者个人进行相关节水工程的方案设计；④获得取水权的单位或者个人（包括除城镇公共供水企业外的工业、农业、服务业取水权人），通过调整产品和产业结构、改革工艺、节水等措施节约水资源的，在取水许可有效期和取水限额内向符合条件的其他单位或者个人有偿转让相应取水权；⑤政府部门及水权受让方对节水工程的建设情况进行阶段性的验收以获得相关的节水指标；⑥政府和水权收储中心在验收后与水权交易双方签订正式的水权转让契约以促使水权交易的顺利实施；⑦水权受让方将购买的水指标用于日常的生产和运营；⑧政府和水权收储中心对水资源的使用情况进行跟踪以确保水资源的高效利用。

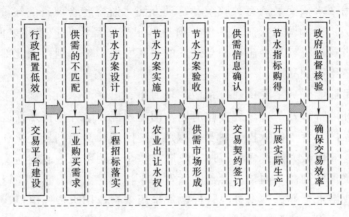

图 3-2　水权交易运作流程

根据水权交易所在地区的不同，交易过程中具体的建设原则与运作规则会有所差异。

（二）水权交易契约网络内涵框架

内蒙古黄河流域水权交易根植于"社会—经济—生态"复杂系统中，交易涉及的多方利益相关者通过一定的契约关系联系在一起，构成了一种特殊的资源交易网络。本节正是基于这样的事实，首先辨识内蒙古黄河流域水权交易的管理要素，其次根据这些要素之间的交互关系，分析了内蒙古黄河流域水权交易制度形成机制，最后得出内蒙古黄河流域水权交易制度变迁路径。

1. 水权交易管理要素识别

契约网络由众多节点构成，每个节点代表一类要素的集合，要素识别是分析节点之间契约关系、搭建契约网络的基础。因此，本节针对内蒙古黄河流域水权转换、水权转让、水权交易三个时期涉及的多方管理要素进行识别，识别要素归为交易主体、交易客体、环境要素三大类。各要素具体分析如下：

（1）交易主体。内蒙古黄河流域水权交易经历了水权转换、水权转让、水权交易三个时期，整个演变过程中涉及的交易主体包括政府主体、市场主体和公众主体。

1）政府主体。政府主体由内蒙古自治区政府、沿黄六盟市地方政府以及灌区水管单位组成，其不仅承担着政策实施方向指导的宏观型职能任务，还肩负着规范水权交易市场、管理并监督资金使用、监督工程建设质量和安全等经营型职能任务。

政策型职能任务主要由内蒙古自治区政府承担，其在整个契约网络中处于核心地位，主要目标为促进区域整体福利最大化，其决策因素主要包括区域和谐稳定发展能力、税收、环境质量、人口质量等。内蒙古自治区政府负责制定内蒙古自治区水权交易的有关政策和管理办法，监督各管理条例与重大决策的执行与落实，并协调水权交易工作与项目区水生态环境保护工作之间的关系，推进内蒙古黄河流域水生态保护与开发的平衡发展，努力把祖国北部边疆这道风景线打造得更加亮丽。

经营型职能任务主要由阿拉善盟、乌海市、巴彦淖尔市、鄂尔多斯市、包头市、呼和浩特市六个市级地方政府以及河套灌区、李井滩扬水灌区、黄河南岸灌区等灌区水管单位承担，主要目标是实现区域社会福利最大化和区域经营性政府自身效用最大化。六盟市地方政府在整个契约网络中起沟通、协调、监督作用，负责贯彻落实内蒙古自治区下发的水权交易工程、制度、资金管理办法，为工业用水企业提供水资源条件，审批用水企业用水指标申报，监督水权交易的具体流程，协调项目区环境保护与开发利用，推动对湖泊、河流的生态补水进程，为生态环境提供水资源保障。部分地方政府还负责代表工业用水企业与灌区水管单位协商水权交易。灌区水管单位在整个水权交易契约网络中负责落实节水工程建设资金分配，实施并监督节水工程建设，向工业用水企业收取节水工程建设、维护费用。

水权转换时期，灌区水管单位与工业用水企业直接开展水权转换，灌区水管单位负责提供转换场所和服务，制定水权转换规范，组织、监督水权转换，发布转换信息，向工业用水企业收取节水工程建设、维护费用以及水权转换费用。水权转让时期，灌区水管单位将水权信息在水权收储中心登记，在水权收储中心提供的交易平台上与工业用水企业开展水权转让，水权收储中心负责制定水权转让规范，组织、监督水权转让，发布转让信息，工业用水企业向灌区水管单位缴纳节水工程建设、维护费用以及水权转让费用。水权交易时期，灌区水管单位将水量信息在内蒙古自治区水权交易中心登记，水权中心把主要交易信息传递给中国水权交易所，灌区水管单位通过内蒙古自治区水权交易中心与工业用水企业进行水权交易。

2）市场主体。内蒙古自治区通过开展水权交易实践，为新增工业项目提供供水指标，最终实现水资源的优化配置，过程中涉及诸多与水权交易直接利益相关的市场主体，该主体谋求的主要目标是自身效用最大化❶。市场主体主要包括工业用水企业、内蒙古自治区水权中心、供水公司等。

工业用水企业指沿黄六盟市各需水工业企业，多因项目扩建、企业新建而产生较大的新增用水需求，在整个契约网络中扮演着买方的角色。工业用水企业向政府提交用水指标申报，若获得用水指标，需向政府缴纳用水费用并向灌区水管单位支付节水工程维护费用，以工业反哺农业的方式促进灌区节水改造。

水权中心是内蒙古自治区水权交易契约网络的基础组成部分，负责制定水权交易规范，发布水权市场信息，为灌区水管单位与工业用水企业之间的水权交易提供平台支撑，并向工业用水企业、灌区水管单位收取交易费用，推进盟市间转让资金筹措、组织实施及管理等。

供水公司是搭建供水管网、污水处理管网的主体，是保障水权交易市场运行的重要构件，主要负责项目区周边供水、排水管网建设。

3）公众主体。公众主体由内蒙古自治区沿黄六盟市各灌区从事农业生产的个体农户、农民用水者协会组成。公众主体谋求的首要目标是个人效益的最大化。

个体农户负责配合灌区水管单位完成灌区节水改造，并监督相关资金的落实情况。农户首先追求的是个人利益最大化，在保证自身发展的同时，兼顾后代的发展效用最大化。只有保障了农户及其后代的利益，才能使农户积极主动地参与进来，为内蒙古自治区水权交易节水工程建设提供足够的劳动力，推动内蒙古自治区水权交易的可持续发展，实现区域效益的最大化。

内蒙古自治区农户比较分散，因此，内蒙古自治区积极推广农民用水者协会的节水管理模式，农民用水者协会参与水权、水价、水量的管理和监督，并负责斗渠以下水利工程管理、维修和水费收取，在保证水权交易工作有效落实的同时，还增强个体农户参与节水型社会试点建设的意识。农民用水者协会一方面可以代表全体农民用水户与供水公司签订用水合同，拟定用水计划、合理制定灌溉方案；另一方面可以监督工业用水企业与灌区水管单位之间的水权交易。农民用水者协会的目标是保障个体农户的利益，让用水户参与灌区末级渠系的管理，推动灌区专管机构的体制改革，使灌区的渠道灌溉水利用率得到显

---

❶　在有限的资源投入下满足多种需求的偏好效用最大化，主要包括经济效用最大化、社会效用最大化以及生态效用最大化。

著提高，确保灌区经济、社会的可持续发展。

（2）交易客体。水权交易的客体是水资源的使用权，且并非所有的水资源使用权都能作为水权交易的客体，如我国法律规定对生态环境、公共利益或第三方利益可能造成重大影响的水资源不得进行交易。因此，在内蒙古黄河流域水权交易中，水权交易的客体是国家法律法规规定的非限制性的水资源使用权。

内蒙古黄河流域水权交易的本质是通过交易水资源的使用权，实现水生态系统服务功能的价值流转。其中，水生态系统服务功能由供给、调节、支持、文化四大服务功能组成：①水生态系统供给服务功能通过提供直接产品或服务来维持人类生活生产活动。在内蒙古自治区水权交易实践中，水生态系统供给服务功能主要提供灌区人民生活用水、工业企业生产用水、水力发电、流域航运以及水产品生产等用途的水资源。②水生态系统调节服务功能是指人类从水生态系统的调节作用中获取的服务功能和利益。内蒙古自治区水权交易水生态系统主要提供水文调节、河流输送、侵蚀控制、水质净化、空气净化、区域气候调节等水生态系统调节服务功能。③水生态系统支持服务功能是指维持自然水生态过程与区域水生态环境条件的功能。在内蒙古自治区水权交易中，该功能主要包括土壤形成与保持、光合产氧、氮循环、水循环、初级生产力和提供生境❶等。④水生态系统文化服务功能是指人类通过认知发展、主观映象、消遣娱乐和美学体验，从水生态系统获得的非物质利益。在内蒙古自治区水权交易实践中，水生态系统的文化功能主要包括教育价值、灵感启发、美学价值、文化遗产价值、娱乐和生态旅游价值等。

（3）环境要素。内蒙古自治区水权交易实践中不仅仅要对政府的运作、市场的运行、公众的生产生活进行管理，还要对区域水生态环境进行管理控制，保证水权交易的可持续进行。内蒙古自治区水权交易网络中涉及生态环境、社会环境两类要素。

1）生态环境要素。内蒙古黄河流域水权交易中涉及的生态环境要素分为水文要素、植物要素、土地要素、大气要素四类。水文要素包括溶解氧、透明度、pH值、TP、TN、COD、悬浮物浓度等。植物要素包括灌区植物种类、植物群落分布、植物覆盖率、植物种群密度、种植结构、种植面积等。土地要素包括土地面积、土壤质地等级、年均土壤流失量、平均土壤侵蚀模数、地质灾害发生率、土壤环境容量等。大气要素包括温度、湿度、太阳辐射量、降雨量、蒸发量等。

2）社会环境要素。内蒙古黄河流域水权交易中涉及的社会环境要素分为

---

❶　生境指的是生物的居住场所，即生物个体、种群或群落能在其中完成生命过程的空间。

经济发展要素和社会格局要素两大类。经济发展要素包括居民收入、居民消费水平、产业结构、产业产值、税收政策、政府支出等。社会格局要素包括人口总量、人口流失率、节水设施数量、污水处理设施数量等。

2. 水权交易制度形成机制

内蒙古自治区水权交易是一个复杂的系统，涉及自然、社会、环境、经济等多方面。由上节的要素分析可知，政府、市场和公众主体之间存在紧密配合、相互作用的契约关系，三大主体之间的契约关系相互作用、约束，构筑成水权交易复杂的契约网络结构。这些利益相关主体在契约网络内进行与水权交易相关的行为决策受制于水权交易政策与目标的制定，同时利益相关者之间的契约关系互动反作用于水权交易制度的形成。

（1）水权交易利益相关者契约关系分析。在内蒙古黄河流域水权交易中，各利益相关者作为有限理性的个体，其决策具有异质性，这些行为决策对水权交易的影响成为其他主体的间接决策因素，从而形成各种契约关系。各利益相关者能否获得自己期望的利益，关系到他们之间的合作情况。当契约对权利、利益的分配满足不了利益相关者的利益诉求时，博弈双方陷入两难困境从而致使冲突的出现，影响项目的正常进行。利益相关者间两两交互的契约关系分析如下：

内蒙古自治区政府与地方政府之间在水权转换、转让、交易时期均存在直接政策指导的契约关系。这种关系的目标在于通过内蒙古自治区政府统一进行盟市内、盟市间水权交易管理制度设计，对地方政府水权交易工作进行指导与规范，明确地方政府的职权与责任，协调地方政府间的利益，促进内蒙古黄河流域水权交易全局利益目标的实现。

地方政府与盟市灌区水管单位之间在水权转换、转让、交易时期均存在直接领导的契约关系。这种契约关系使地方政府能够监督该盟市灌区水管单位的资金管理与节水工程建设与管理。此外，水权交易时期，地方政府与其他盟市卖水灌区水管单位之间还存在合作关系，地方政府集合盟市工业用水企业的用水需求，在水权中心的协调下与卖水灌区水管单位合作开展水权交易。

地方政府之间在水权交易时期存在竞争与合作的契约关系。地方政府贯彻落实内蒙古自治区政府关于开展盟市间水权交易的相关政策方针，通过水权中心提供的交易平台，盟市间合作达成水权交易协议。同时，河流的序贯性特点使得地方政府的水事活动存在外部性，如果一市只考虑自身地方经济发展，忽视了水环境保护，这一行为会对内蒙古黄河流域其他市的取水产生影响。下游其他市出于对水质的要求，会对上游市政府的行为产生不满，地方政府之间的府际关系就可能会变得紧张。此外，由于内蒙古自治区六盟市的经济、社会、环境存在较大的差异，这种差异性加大了地方政府间的利益博弈程度，会对盟市间水权交易的实施产生重要影响。

灌区水管单位与工业用水企业之间在水权转换、转让、交易时期均存在相互合作的契约关系。工业用水企业向灌区水管单位支付节水工程建设、维护费用及生态补偿费用，灌区水管单位给予工业用水企业用水指标。但在水权转让、交易时期，工业用水企业、灌区水管单位与内蒙古自治区水权中心三者之间呈合作关系。内蒙古自治区水权中心为工业用水企业、灌区水管单位提供用水指标交易平台，工业用水企业向内蒙古自治区水权交易中心缴纳交易费用。水权交易时期，部分地方政府与该盟市工业用水企业之间存在相互合作的契约关系，地方政府代表该盟市工业用水企业，在水权中心协调下与灌区水管单位开展水权交易。因此，地方政府、灌区水管单位与水权中心三者之间存在一定程度的合作关系。水权中心为地方政府提供交易平台，地方政府为水权中心提供政策支持。但由于两者分属不同的管理体系，具有一定的独立性，两者的互动需要通过内蒙古自治区政府协调。

工业用水企业、灌区水管单位、农民用水者协会与供水公司之间在水权转换、转让、交易时期均为一定程度的合作关系。工业用水企业、灌区水管单位、农民用水者协会与供水公司需对取水管网建设问题进行协商，同时由于四者分属不同的管理体系，四者的互动需经地方政府统一协调管理。

工业用水企业之间在水权转换、转让、交易时期均存在竞争关系。用水指标有限，需水工业企业众多，用水供需不匹配，工业用水企业之间就会产生冲突与矛盾。

农户将农业用水让渡到能创造更多经济收益的工业用水企业手中，因而农户在水权转换、转让、交易时期均处于被动从属地位。但作为利益相关者耦合关系中的一个重要组成部分，农户有权利委托农民用水者协会，向地方政府要求分享工业用水企业收益，要求政府保护农民自身利益，要求享受社会公共服务，要求地方政府提供水环境安全保障。

内蒙古黄河流域水权交易利益相关者分析是对水权交易契约网络具体实施机制的细化，明晰水权交易的参与主体及其在契约网络中所发挥的作用，辨识水权交易契约网络分析框架的内外部因素，以此核定内蒙古黄河流域水权交易工作的具体范围。这种竞合兼具的契约关系要求在进行制度安排时必须依据不同管理主体的职能范围进行责权关系设计，以实现在现有契约网络基础上的行政管理与信息沟通的交互，从而减少管理主体的制度学习成本和因为制度改变带来的制度变迁成本。

（2）水权交易制度建设原则。内蒙古黄河流域水权交易利益相关者分析揭示了水权交易契约网络中各节点之间的互动机理，说明水权交易制度建设不仅要适应经济与社会发展要求，而且要协调利益相关者对于水资源及环境保护的要求。具体应该遵循以下几项原则：

1）权属分离原则。根据我国法律规定，水资源所有权的唯一主体是国家，使用权的主体包括获得法律法规授权的个人、单位和社会组织。水资源使用权虽然是从水资源所有权中衍生出来的，但从已有的水权交易实践来看，两者的分离并不会令所有者丧失所有权，相反能够更大限度地调动使用者对充分发挥水资源经济效益的积极性，从而实现水资源的经济价值和社会价值。内蒙古黄河流域水权交易作为一种市场活动，涉及多利益相关者不同利益诉求，如果不能将所有权与使用权分离，则交易无从谈起。因此，在设计内蒙古黄河流域水权交易制度时，必须将水资源所有权与使用权分离。

2）政府和市场两手发力原则。水资源是典型的公共产品，其配置包括宏观配置和微观配置。在内蒙古黄河流域水权交易过程中，由政府对内蒙古黄河流域用水的总量控制和宏观配置进行全面统筹，并制定科学合理的用水指标分配方案，代表社会公共利益对水资源实行用途管制。沿黄六盟市各级地方政府应根据本地区实际情况规划和配置用水指标，安排好工农业布局、人民生活用水，防止市场失灵。但具体涉及水资源使用权的活动属于水资源的微观配置，应当放手给市场调节，充分发挥市场在水资源微观配置中的作用。内蒙古黄河流域水权交易制度设计要坚持政府宏观调控与市场引导相结合，应当在政府搭建的法律框架内充分发挥市场机制作用，使水权得到合理流转和有效配置。

3）全局性原则。内蒙古黄河流域水权交易制度设计时应考虑契约网络各个节点之间的竞合关系，用系统的、全局的观点来看待问题。在用水竞争中，工业等经济价值高的行业用水往往因其与 GDP 的紧密关联而占据绝对优势，而经济价值不那么突显、基础性和公益性却很强的农业与生态用水往往处于弱势地位。因此，在设计内蒙古黄河流域水权交易制度时，一方面要依据市场原则公平配置水权，提高水资源使用的效率，保障其社会效益的发挥；另一方面要从全局的角度出发来考虑问题，兼顾各利益相关者的利益诉求，设置必要的补偿机制来消除由于本位利益和整体利益相冲突而引起的阻碍整个水权交易正常运行事件的发生，加强利益相关者之间的合作，确保取水、用水信息能够在利益相关者之间共享，形成各利益相关者之间互利互惠的合作战略伙伴关系。

4）激励约束原则。为了使订立好的内蒙古黄河流域水权交易制度能够得到比较好的实施，确保契约双方的协作关系正常发展，必须建立一套公平有效的激励机制和惩罚机制，增加利益相关者之间的协作与配合。在设计激励约束机制时，必须充分考虑水权交易契约网络各个利益相关者的利益，建立参与约束和个人理性约束。参与约束即指各利益相关者参与这个水权交易契约网络所能获得的利益应不少于不参与该契约网络时的所得，只有满足了这个约束条件，整个内蒙古黄河流域水权交易才可能顺利进行。个人理性约束即指水权交易利益相关者在一定的条件下总是要追求自身利益的最大化。

5）生态优先原则。开展水权交易不仅是为了优化水资源配置、提高用水效率与效益，其根本目的在于保障公众生产生活和经济社会可持续发展。因此，内蒙古黄河流域水权交易制度建设不仅要考虑工农业用水之间的关系，还要考虑人与自然的关系，必须坚持生态优先原则，重视保护取水区、输水区和用水区的生态环境，绝不能危害公共利益。一方面各地要避免过度挤占生态环境用水，积极推进生态补水进程；另一方面要严格把关取水供应链中各段线的水质，加强水质监管保护。

（3）水权交易制度运作规则。基于内蒙古黄河流域水权交易制度建设应遵循的相关原则，进一步明确内蒙古黄河流域水权交易制度运作规则，为内蒙古黄河流域水权交易制度建设提供精准和全面的指导，使水权交易活动及管理行为更加规范。

1）规范水权交易流程。内蒙古自治区水权指标配置总体遵循"自治区政府确定—自治区水利厅细化分配—盟市政府配置给用水企业—报黄委备案"的流程。未来在政府统一规划和市场化运作有机结合原则的指导下，内蒙古黄河流域水权交易的流程应包括申请、审查、公告、许可和签订合同五步：由灌区水管单位和工业用水企业共同向内蒙古自治区水权中心提交取水申请，或由灌区水管单位和代表工业用水企业的地方政府共同向水权中心提交取水申请。地方水行政管理部门、水权中心收到申请后，应当组织有关部门和专家对交易提供的相关材料是否符合相关规定进行评估，应当设定一个公告期，以确保公众权益。以上流程结束后，对符合规定的交易行为作出批准决定，水权交易双方在通过审批后，应当签订交易合同。

2）确定水权交易量。内蒙古黄河流域水权交易的水量必须是在取水权证规定的有效期限和取水限额内，通过各种节水形式节余下来的水量。此外，内蒙古黄河流域水权交易的主要方式是农业节水向新增工业企业定向配置，因此，应当对农业节水交易的必要条件作出特别规定，明确其用于交易的水量必须是在保障农业灌溉用水前提下，通过节水工程节约出来的农业灌溉水量。

3）建立水权交易登记机制。水权交易要有公信力保证，相关部门进行前期审查时要确保水权信息翔实准确。水权交易登记相关部门按照规定和要求完成水权交易登记是交易合同有效的基本条件。赋予水权交易登记以公信力，有利于维护正当的交易行为，有利于提升交易效率。交易双方只需查看登记公示的内容，而不需要花费大量的时间和精力去调查了解标的物的权利状态。

4）建立水权交易定价机制。水权交易价格是水权交易的重要组成部分，但涉及的内容和构成比较复杂，需要由交易双方根据成本投入、市场供求关系等协商确定，由市场定价。在内蒙古黄河流域水权交易价格机制中要同时考虑水资源时空分配、供求关系、经济价值和环境价值。同时，内蒙古黄河流域水权交易制度应对水权交易定价作出原则性规定，必须明确规定水权交易双方以及水权中心不得恶意操纵交易价格。

5）建立水权交易监管机制。水权交易涉及广泛的公共利益，必须建立有效的监管机制才能避免交易产生负面影响。国内外水权交易实践中，水权交易监督管理体系一般由专门的政府管理部门和社会中介机构组成。因此，内蒙古黄河流域水权交易制度建设中，应当坚持政府监督和社会监督内外双管齐下，才能消除单一监管主体带来的弊端，对水权交易进行有效监管。同时，要坚持信息公开，给予利益相关者更多的知情权，争取获得各方的理解和配合。信息公开的范围应当包括水量分配、实际用水量、许可交易期限、水资源论证报告、排污量等，通过政府公报、网站、新闻发布等渠道向公众公开，既能有效防止寻租行为的发生，也可以避免公众闭目塞听导致参与意识的缺乏和参与能力的低下。

三、诱致性变迁理论的内蒙古方案

基于新制度经济学理论和内蒙古黄河流域水权交易契约网络提出诱致性变迁理论的内蒙古方案。新制度经济学的制度变迁与制度创新理论认为，制度变迁是制度创立、变更及随着时间变化而被打破的过程，实现这一过程的方式就是制度变迁方式。制度的替代、转换的过程，是通过不断的制度创新完成的。制度变迁的原因是旧有制度转向新制度变得有利可图，因此对新制度产生需求，相应地产生新制度供给。但是制度需求的满足需要付出成本。理想的制度安排是成本最小的制度供给。从一种制度转向另一种制度，也需要付出成本，如果这种变迁的成本小于新制度带来的个人净收益，则制度变迁才会发生。产权制度的演变实际上就是产权不断被界定、外部性不断内部化、产权行使效率不断提高的过程，也是产权制度均衡不断被打破、产权制度创新不断涌现、产权制度不断变迁的过程。内蒙古黄河流域水权交易制度的变迁过程，是在当地水资源总量有限、最严格水资源管理制度实施、当地城市化和经济社会发展所导致的水资源消耗增加、传统水资源配置手段无法满足用水户需求等条件或要素作用下的必然结果。从制度经济学的角度分析，其制度的变迁过程，实质是诱致性的制度变迁，是在应对管理主客体剧烈冲突且缺少相关制度建设经验支持下的一种特殊的制度设计模式，是制度变迁的一种实践产物，也是制度变迁的丰富与拓展，体现了经济社会和环境现状对制度建设的一种倒逼力量。

（一）水权交易制度变迁概念界定

制度规范人类行为的力量多数源于它们的不变异性。但是：①对任何想要得到的制度性服务而言，总有许多制度安排能实现这种功能；②当环境发生变化，不变的规则组合可能会趋于僵滞而产生伤害，因而也需要进行调整。制度本身不是目的，它们只是追求自由、繁荣、和平和尊严等基本价值观的手段，所以，当生产进步和市场交易扩大等因素导致制度逐渐变得不合时宜时，它们的适应性变迁也就成为必然需要。

1. 制度变迁

制度变迁就是指对构成制度框架的规则、准则和实施的策略组合所做的边际调整，包括制度内容的替代、转换与交易过程。制度变迁可以理解为一种效益更高的制度（即所谓"目标状态"）对另一种制度（即所谓"起点状态"）的替代过程。制度变迁还可以被理解为一种更有效益的制度的生产过程。因为新制度的采纳必然伴随着旧制度的改变，对现有制度的修正同时也是一种创新活动，所以从历史性的角度看，制度变迁的过程实质上就是一种制度创新的过程。

2. 诱致性制度变迁

诱致性制度变迁指一群人在响应制度不均衡引致的获利机会时进行的自发性变迁，制度不均衡产生的原因可能包括制度选择集合的改变、技术条件变化、制度需求改变或其他制度安排改变。制度变迁因常常需要集体行动而产生所谓"搭便车"问题，使自发过程提供的新制度供给不足，从而使政府法令辅助其制度变迁成为必要。诱制性制度变迁的特点有：①改革主体来自基层；②程序为自下而上；③具有边际革命和增量调整性质；④在改革成本的分摊上向后推移；⑤在改革的顺序上，先易后难、先试点后推广、先经济体制改革后政治体制改革相结合和从外围向核心突破相结合；⑥改革的路径是渐进的。

（二）水权交易制度变迁机制

制度变迁就是在契约网络中，伴随参与主体博弈过程的一种均衡向另一种均衡的转移。过程中，参与主体的主观博弈模型不断被修正并彼此相互协调，直至所有参与主体同时达到均衡，转型过程趋于停止。此时会产生出一系列的新均衡战略集合，而这些均衡战略集合会进一步随缓慢变化的环境而调整。制度的演进过程达到转折点后，另一种相对稳定的阶段就会来临，这就是制度演进的机制。制度变迁理论认为，当生产技术、资源的相对价格、外生交易费用、制度选择集等因素一旦发生变化时，人们就会产生对新的制度服务的需求；原有的制度均衡被打破，出现制度失衡；当存在制度失衡时，新制度安排的获利机会就会出现；如果制度变迁的交易费用不至于过高，那么制度变迁随时都可能发生。

（三）水权交易制度变迁路径

内蒙古自治区水权交易制度的变迁是一种自下而上的诱致性制度变迁模

式，针对内蒙古黄河流域水权交易实践，有以下因素可能诱导水权交易环境发生较大变化：①新知识、新技术的投入使得采取新的行动成为可能；②水权交易市场的扩张；③节水意识的加强；④水资源稀缺性的进一步扩大。

内蒙古黄河流域水权交易制度变迁路径如图3-3所示。

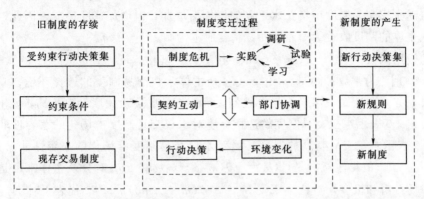

图3-3　内蒙古黄河流域水权交易制度变迁路径

内蒙古黄河流域水权交易制度变迁特征为：①以问题为导向；②主体来自基层；③力量来自客体环境；④程序为自下而上。如图3-3所示，内蒙古黄河流域水权交易制度变迁，是以其资源禀赋现状、社会认知水平、技术水平为起点，通过环境诱致、探索实践、上层规制、社会选择四层螺旋上升过程，打破现有制度困局，实现新规则、新认知、新制度的供给，达到水权交易制度新均衡：以内蒙古自治区发展需求为前提，地区水资源供需矛盾现状为倒逼诱因，加上现有制度和技术双缺的现状下，内蒙古自治区政府从理念、理论、技术出发，在现有制度的基础上，提出运用水权转换的方式来打破现状僵局，通过不断"实践—调研—试验—学习"螺旋式探索，历经"水权转换—水权转让—水权交易"三阶段，完成了一套具有内蒙古自治区特色的水权交易制度体系。

（四）水权交易制度变迁的理论分析

水权交易制度变迁是水权交易制度创立、变更及随着时间变化而被打破的过程，实现这一过程的方式就是水权交易制度变迁方式。为了论述的方便，事先做如下假设或规定：

假设1：水权交易制度变迁的参与者主要包括三类：政府主体、市场主体、公众主体，而且他们都是风险中性者。

假设2：θ_i 表示水权交易制度变迁过程中第 i 阶段的市场化水平。$\theta \in [0, 1]$，$\theta = 0$ 和 $\theta = 1$ 分别指政府主导的水权交易制度和完全市场化的水权交易制度。为了理论研究的方便，暂不考虑制度变迁过程中的"政权约束"，则本节所要讨论的水权交易制度变迁过程可近似地描述成 θ 从 0 到 1 的过程。

假设 3：公众主体的成分很复杂，随着市场化程度的提高，会出现两种结果：①公众主体随市场经济制度水平 θ 的增加而直接获得收益，属于帕累托改进❶；②公众主体随市场经济制度水平 θ 的增加，通过转移支付、补偿等形式而间接获得收益，属于卡尔多改进❷。因此，本书此处一律简化为公众主体的收益随水权交易制度市场化水平 θ 的增加而增加，但增加速度递减，因此，令公众主体的制度收益为 $U_{AE}=\theta^k$，制度成本为 $U_{AI}=-\theta(m^{1/\gamma}-m)$，则公众主体的效用函数 $U_A=-\theta(m^{1/\gamma}-m)/n^\gamma+\theta^k$。其中，$m$，$n$ 是大于 1 的常数；$k\in[0,1]$，为常数；$\gamma\in[0,1]$，为公众主体水权交易制度的选择环境，其主要由地方专业性知识水平、互补性制度❸市场化水平和关联性制度❹市场化水平决定。0 表示水权交易制度的选择环境对水权交易制度市场化的兼容性非常差；1 表示水权交易制度的选择环境对水权交易制度市场化的兼容性非常好，即 $U_{AI}=0$。值得注意的是，$U_A=-\theta(m^{1/\gamma}-m)/n^\gamma+\theta^k$ 对公众主体来说是一种市场自由和机会，对社会来说 $U_A=-\theta(m^{1/\gamma}-m)/n^\gamma+\theta^k$ 代表了社会经济活力，是经济高质量发展的基础。

假设 4：市场主体的行为取决于自身效用水平，最终为实现效用最大化。因此，假设水权交易市场主体效用函数为：$U_{Li+1}=A[(g_{i+1}-g_i)-\Delta g_{i+1}]$，其中 $g=-\theta(m^{1/\tau}-m)/n^\tau+\theta^k$，$\tau\in[0,1]$，为市场主体水权交易制度的选择环境，其主要由科学技术水平和地方性专业知识水平、互补性制度市场化水平和关联性制度市场化水平决定；Δg_{i+1} 表示预期第 $i+1$ 期其他地区由水权交易制度创新所带来的平均效用，这意味着区域之间的竞争采取标尺竞争❺法；A 是大于或等于 1 的常量。

假设 5：政府主体仅指具有"政治理念"的组织机构。他们追求义理性❻的最大化。同时，制度作为一种客观实在，其运行是需要耗费一定成本的，水权交易制度 θ 从 0 到 1 的发展过程，其水权界定也逐渐清晰，当然耗费的成

❶ 帕累托改进是达到帕累托最优的路径和方法，即在没有使任何人境况变坏的前提下，使得至少一个人变得更好的方法。

❷ 卡尔多改进是指在一项变革中，如果一个人的境况由于变革而变好，同时他能够补偿另一个人的损失而且还有剩余，那么整体的效益就改进了。

❸ 参与人无法在不同的域协调其策略决策，但他们的决定在参数上受到另外的域现行决策的影响，这两个域的决策构成互补性关系。

❹ 参与人能在不同的域协调其策略，结果产生的制度是参与人单独在不同的域分别做出决策所不能导致的，这两个域的决策构成关联性关系。

❺ 在政治领域或者公共部门，标尺竞争是指当上级政府可以用其他地方政府的作为和绩效来考核和评价一个地方政府的时候，地方政府之间就会形成相互模仿的竞赛。

❻ 义理性是一个多维度的概念，在政治学中，义理性主要是指人民对权威的认同和接受，通常是一种统治法或一种统治。

本也就越高，而且水权交易制度变迁也意味着与原有制度相关联的部分丧失，是对原有水权制度的一种否定，但这种负效用会随着水权交易制度市场化水平的提高而减小。本书称之为"认知不兼容"的负效用（U_{CI}），并令 $U_{CI} = -\theta(a^{1/\lambda} - a)$，当 $\theta = 0$ 时，$U_{CI} = 0$；λ 表示政府主体对基于市场机制的水权交易制度的认同程度或知识水平，它是通过实践积累获得的，积累的速度取决于政府主体的学习能力（知识技术水平）和学习动力（对现有制度的不满程度以及可供学习的制度）。$\lambda \in [0, 1]$，0 表示政府主体对基于市场机制的水权交易制度一无所知，持完全否定态度，1 表示政府主体对基于市场机制的水权交易制度充分认知，完全认同。此外，水权交易制度市场化方向的制度变迁会带来收益，如用水效率的提高、地区经济发展质量的提高等，带来正"经济效用"（U_{CE}），且它的权重随政府主体认知水平的提高而加大，不妨令 $U_{CE} = g \cdot b^{\lambda}$，当 $\theta = 0$ 时，$U_{CE} = 0$。所以追求义理性最大化的效用函数 $U_C = -\theta(a^{1/\lambda} - a) + \theta^k \cdot b^{\lambda}$，其中 a、b 是大于 1 的常数。

　　假设 6：假设地方政府官员相对于中央领导人来说拥有对市场经济制度绩效方面的知识优势。因为地方政府官员与公众主体在实际的经济运行中有广泛而真实的接触。公众主体的水权交易制度选择环境总体上是不断改善的，也就是说制度变迁长期总能给公众主体带来正效用，不妨进一步令 $\gamma = \tau = 1$。

　　综上所述，内蒙古自治区在向市场化水权交易制度的过渡过程中，地方政府意识到市场取向的改革能激活公众主体的经济活力并由此带来制度性经济增长，有利于经济社会的发展，因此潜在的具有满足公众主体制度创新需求的动机将会产生。在此假定，市场主体倡导制度变迁的概率为 z，不倡导制度变迁的概率为 $1-z$；市场主体倡导的制度变迁被政府主体认可的概率为 y，被政府主体不认可的概率为 $1-y$，一旦市场主体倡导的制度变迁不被认可，公众主体将遭受 D/θ_0 的损失，损失是随着市场化程度的提高而减小的，其中 D 是大于零的常数。政府主体和市场主体的得益情况详见表 3-1。

表 3-1　　　　　　　政府主体和市场主体博弈得益矩阵

参与人		市　场　主　体	
	策略选择	倡导变迁 z	不倡导变迁 $1-z$
政府主体	认可 y	$A[(\theta_0 + \Delta\theta)^k - \theta_0^k - \Delta g_{i+1}]$, $-(\theta_0 + \Delta\theta)(a^{1/\lambda} - a) + (\theta_0 + \Delta\theta)^k b^{\lambda}$	$-A\Delta g_{i+1}$, $-\theta_0(a^{1/\lambda} - a) + \theta_0^k b^{\lambda}$
	不认可 $1-y$	$-A\Delta g_{i+1} - \dfrac{D}{\theta_0}$, $-\theta_0(a^{1/\lambda} - a) + \theta_0^k b^{\lambda}$	$-A\Delta g_{i+1}$, $-\theta_0(a^{1/\lambda} - a) + \theta_0^k b^{\lambda}$

　　政府主体选择认可变迁、不认可变迁和平均的期望得益分别为 u_{Cd}、u_{Cn} 和 $\overline{u}_C$：

$$u_{Cd}=x\left[-\left(\theta_0+\Delta\theta\right)\left(a^{1/\lambda}-a\right)+\left(\theta_0+\Delta\theta\right)^k b^\lambda\right]$$
$$+\left(1-x\right)\left[-\theta_0\left(a^{1/\lambda}-a\right)+\theta_0^k b^\lambda\right] \tag{3-1}$$

$$u_{Cn}=-\theta_0\left(a^{1/\lambda}-a\right)+\theta_0^k b^\lambda \tag{3-2}$$

$$\overline{u}_C=y\{x\left[-\left(\theta_0+\Delta\theta\right)\left(a^{1/\lambda}-a\right)+\left(\theta_0+\Delta\theta\right)^k b^\lambda\right]$$
$$+\left(1-x\right)\left[-\theta_0\left(a^{1/\lambda}-a\right)+\theta_0^k b^\lambda\right]\}+\left(1-y\right)\left[-\theta_0\left(a^{1/\lambda}-a\right)+\theta_0^k b^\lambda\right]$$
$$\tag{3-3}$$

把复制动态方程分别用于市场主体和政府主体，得到市场主体倡导制度变迁策略概率的复制动态方程为

$$\frac{\mathrm{d}z}{\mathrm{d}t}=z\left(u_{Le}-\overline{u}_L\right)=z\left(1-z\right)\left\{yA\left[\left(\theta_0+\Delta\theta\right)^k-\theta_0^k\right]-\left(1-y\right)\frac{D}{\theta_0}\right\} \tag{3-4}$$

政府主体认可制度变迁策略概率的复制动态方程为

$$\frac{\mathrm{d}y}{\mathrm{d}t}=y\left(u_{Cd}-\overline{u}_C\right)=y\left(1-y\right)z\left\{-\Delta\theta\left(a^{1/\lambda}-a\right)+\left[\left(\theta_0+\Delta\theta\right)^k-\theta_0^k\right]b^\lambda\right\}$$
$$\tag{3-5}$$

市场主体和政府主体复制动态方程的导数方程分别为

$$\frac{\mathrm{d}^2 z}{\mathrm{d}t^2}=\left(1-2z\right)\left\{yA\left[\left(\theta_0+\Delta\theta\right)^k-\theta_0^k\right]-\left(1-y\right)\frac{D}{\theta_0}\right\} \tag{3-6}$$

$$\frac{\mathrm{d}^2 y}{\mathrm{d}t^2}=\left(1-2y\right)z\left\{-\Delta\theta\left(a^{1/\lambda}-a\right)+\left[\left(\theta_0+\Delta\theta\right)^k-\theta_0^k\right]b^\lambda\right\} \tag{3-7}$$

对市场主体倡导制度变迁策略概率的复制动态方程 [式 (3-4)] 作一些分析：根据该动态方程，如果 $y=\dfrac{D/\theta_0}{\left(\theta_0+\Delta\theta\right)^k-\theta_0^k+D/\theta_0}$，那么 $\mathrm{d}z/\mathrm{d}t$ 和 $\mathrm{d}^2z/\mathrm{d}t^2$ 始终为零，这意味所有 z 水平都是稳定状态；如果 $y\neq\dfrac{D/\theta_0}{\left(\theta_0+\Delta\theta\right)^k-\theta_0^k+D/\theta_0}$，则 $x^*=0$ 和 $x^*=1$ 是两个稳定状态，其中 $y<\dfrac{D/\theta_0}{\left(\theta_0+\Delta\theta\right)^k-\theta_0^k+D/\theta_0}$ 时，$z^*=0$ 是进化稳定策略，$y>\dfrac{D/\theta_0}{\left(\theta_0+\Delta\theta\right)^k-\theta_0^k+D/\theta_0}$ 时，$z^*=1$ 是进化稳定策略。

由于市场主体比公众主体更了解政府主体，其创新行为被政府主体认可程度更大；市场主体可以利用广大公众主体的力量，比公众主体具有更强的抗政治风险能力。也就是说，能够保证式 (3-8) 的成立，这也是制度变迁的中间阶段市场主体能够起关键作用的原因。

$$y\left[\left(\theta_0+\Delta\theta\right)^k-\theta_0^k\right]-\left(1-y\right)\frac{D}{A\theta_0}>y\left[\left(\theta_0+\Delta\theta\right)^k-\theta_0^k\right]-\left(1-y\right)\frac{B}{\theta_0} \tag{3-8}$$

再分析政府主体认可制度变迁策略的复制动态方程 [式 (3-5)]，如果 $z=0$ 或 $\left\{-\Delta\theta\left(a^{1/\lambda}-a\right)+\left[\left(\theta_0+\Delta\theta\right)^k-\theta_0^k\right]b^\lambda\right\}=0$，那么 $\mathrm{d}y/\mathrm{d}t$ 和 $\mathrm{d}^2y/\mathrm{d}t^2$ 始

终为零，这意味所有 y 水平都是稳定状态；由于 $z \in [0, 1]$，故 $z > 0$ 且 $\{-\Delta\theta(a^{1/\lambda} - a) + [(\theta_0 + \Delta\theta)^k - \theta_0^k]b^\lambda\} < 0$ 时，$y^* = 0$ 是进化稳定策略，$z > 0$ 且 $\{-\Delta\theta(a^{1/\lambda} - a) + [(\theta_0 + \Delta\theta)^k - \theta_0^k]b^\lambda\} > 0$ 时，$y^* = 1$ 是进化稳定策略。

综上所述，本节基于演化博弈理论，构建了水权交易制度变迁模型，刻画了内蒙古黄河流域水权交易制度变迁实现方式。从理论上论证了内蒙古自治区水权交易制度建设是政府主体、市场主体、公众主体的多利益相关者博弈互动过程，是从政府计划管理向市场配置资源的渐进过渡，三个主体的决策偏好转变，是造成内蒙古自治区水权交易制度变迁呈现阶梯式渐进特征的关键。从内蒙古自治区水权交易制度变迁的机理看，水资源短缺程度是其制度变迁的第一内在动因，政府主体的认知水平和偏好是启动水权交易制度改革的第一推动力，制度成本是制度变迁的内驱动力。在水权交易制度市场化变迁的进程中，政府主体解放思想、实事求是是降低水权交易制度变迁负效应的关键，同时，伴随水权交易制度市场化程度的不断完善，水权交易所产生的区域经济、生态、社会综合效益也带来了显著的制度变迁正效应，在正负制度变迁效应的良性互馈作用下，水权交易制度变迁总体呈现出较为稳定的多利益相关者合作意愿，形成了螺旋式前进的制度变迁路径。

第四章　内蒙古黄河流域水权交易效益评估

内蒙古黄河流域水权交易效益评估是水权交易工作的必要环节，通过对水权交易成效进行科学客观的评估，可以更好地了解水权交易对于内蒙古黄河流域社会经济发展做出的贡献，为下一步更好地开展水权交易奠定基础。本章构建了水权交易效益评估的理论和技术基础，在此基础上从水生态系统服务的供给、支持、调节、文化四大服务角度出发，科学评估了水权交易所带来的效益，并对效益评估结果进行了分析。

一、水权交易效益评估方法选择

内蒙古黄河流域水权交易效益评估是基于现实需求所产生的工作，本节从评估意义、原则、思路、目标、任务和重点等角度构建了水权交易效益评估框架，针对水权交易所产生的经济、社会、生态、文化效益，基于水生态系统服务价值理论构建了内蒙古黄河流域水权交易效益评估理论基础。

(一) 水权交易效益评估框架

1. 水权交易效益评估意义

水权交易效益评估不仅是对前期水权交易工作的总结和评价，更是为从全方位的角度来诠释水权交易工作。基于此，水权交易效益评估的意义具体如下：

(1) 有利于提高人类社会对水资源的认识水平。水是生命之源、生产之要、生态之基。水对生命起着至关重要的作用，它是生命的源泉，是人类赖以生存和发展的不可缺少的最重要的物质资源之一。水权交易有利于提升水资源的合理配置水平，提高水资源开发利用效率。水权交易效益评估能够为水资源配置管理提供强有力的决策依据，并有效提升全社会对水资源稀缺性的战略认知水平。

(2) 有利于践行国家"生态优先、绿色发展"战略举措。在全面建设小康社会的过程中，水权交易评估是普惠性的民生福祉；在经济转型升级中，水权交易效益评估是先导性的战略举措。因此，水权交易效益评估有利于践行"绿水青山就是金山银山"的理念，是促进人与自然和谐共生的实际行动，也是落实"节水优先、空间均衡、系统治理、两手发力"新时期治水思路的重要举措，对深入贯彻落实党的十九大精神，实施"国家节水行动"，推进内蒙古自治区乃至全国深化水利改革，解决不平衡、不充分问题，提供水资源支撑和保障等方面具有重要的战略意义。对于切实完善我国的水权交易市场，在更高层次上构筑发展新优势，推动全社会走生产发展、生活富裕、生态良好的文明轨道，意义重大，至关重要，时不我待。

（3）有利于提升水权交易管理的科学化进程。水权交易工作想要达到有效的控制，就需要有科学的、及时的信息反馈。这样，领导部门才能够及时地、准确地调整自己的信息输出，以达到最佳的控制目的。开展水权交易效益评估，其核心在于科学反馈水权交易工作中的综合信息，增强水权交易的全局把握能力。水权效益评估有利于促进全面衡量水权交易的经济和社会效益，减轻水权交易过程中存在的不利影响，降低水权交易过程中不可控风险的发生概率，促使水权交易与社会相互适应和协调发展。

（4）有利于客观评价水资源管理工作的绩效水平。水权交易工作者的劳动同其他劳动一样，也应有一个明确的质和量的规定性。如果不对他们工作的质量和数量做正确的评估，就势必造成干好干坏一个样、干多干少一个样的状况，不利于调动他们的积极性、主动性和创造性。应通过及时正确的效益评估，使效益好的受到应有的表彰和奖励，效益差的看到差距，感到压力。提高水权交易管理者的工作责任感与历史使命感，统一认识，增强工作能力，全面提升队伍的战斗力。

（5）有利于增强水权交易工作的计划性和针对性。水权交易工作的范围很广，内容很多，如果没有效益观念，就不会形成周密的计划。只有从效益评估的角度出发，才能根据每一时期的工作，对整个工作做出科学合理的统筹安排，并协调各方面力量，有条不紊地做好工作。通过水权交易效益评估活动，确定水权交易预期的目标是否达到，水权交易规划是否合理有效，水权交易的主要效益指标是否实现，通过分析评价找出成败的原因，总结经验教训，并通过及时有效的信息反馈，为未来水权交易制度的建立及交易流程标准化等方面提供借鉴。

2. 水权交易效益评估原则

随着人口和经济的增长，工业化、城市化、现代化进程的加快，水资源越来越成为稀缺资源，成为制约经济社会发展的重要因素。水权交易通过所有权与使用权的分离，既保证国家、集体对水资源的所有权，又通过使用权的流转，提高水资源的使用效率，增加单位水资源的产出效益。同时有利于发展节水产业，降低水的需求量，进而带来生态效益。对水权交易进行效益评估时应从以下几个原则出发：

（1）安全原则。在进行水权交易效益评估时，必须使水资源可利用量优先满足基本生活用水需求和生态环境用水需求，以保障社会稳定和粮食安全，在此之外的水资源量才可考虑进行水权交易。

（2）可持续原则。可持续发展是当今世界经济发展的主流，也是水资源开发利用主导思想之一。它要求必须从全社会和中华民族持续繁荣的战略高度来认识水权交易，在水权交易中应始终贯彻可持续发展的原则，切实保障水资源的可持续利用，使水资源开发利用和消耗的速度必须与水资源恢复、再生的速度相适应，向水环境排放废弃物的量必须与水环境的容量和自净能力相适应；而且，水资源开发利用不能只顾眼前利益，还必须着眼于子孙后代。因此，在进行水权交易效益评估时，应着重考虑水资源持续供给和利用。

（3）整体效益原则。在经济社会高速发展的时代，水资源不仅是稀缺的不可替代的自然资源，更是一种蕴藏巨大经济效益的社会资源。水资源短缺是制约国民经济发展的一个重要因素。如何科学交易水资源，让有限的水资源发挥更大的效益，是市场经济条件下面临的困境之一。对水权交易进行效益评估时，应着眼于整体利益，达到整体效益最佳。这里所指整体效益包括社会效益、经济效益、生态效益和文化效益等。

（4）全面系统原则。水权交易建设是涉及自然、经济、社会、文化、教育、技术、制度等多个维度的系统工程，不仅要重视水资源的开发和利用，而且也要重视发展绿色经济、培育环境文化、研发可持续技术。因此，在进行效益评估时需从系统角度出发，全面考虑水权交易涉及的多个维度以及多个维度之间的相互关系。

（5）宏观调控原则。我国正处于经济体制转型期，由于水资源的公共性和政治经济体制方面的原因，我国的水权市场很难成为一种完全的市场。只有将政府行政调控与市场调控结合起来，才能建立起水权交易的有效运转机制；即使在水权市场建立后，水权市场的监管和市场各主体利益的协调仍然需要政府的参与。在对水权交易进行效益评估时需要考虑政府的政策扶持和法律保护。

（6）空间分异原则。内蒙古自治区各地区水资源量、社会经济技术条件各不相同，因此在水权交易效益评估时要根据当地的自然条件和社会条件，考虑当地资源环境承载力，提高区域自然、经济、社会可持续发展能力。

3. 水权交易效益评估思路与目标

随着经济社会的快速发展，对水资源的需求也在日益增长。我国是一个干旱、缺水严重的国家，同时也是世界上用水量最大的国家之一；我国水资源具有总量大、人均少和分布不均的特点。面对我国严峻的水资源形势，全国范围内多个试点省市先后开展了水权交易试点工作，以满足本地区经济发展的用水需要。内蒙古自治区的水权交易工作已经取得了显著的成效，过去工作的总结对于今后水权交易的发展有关键的指导作用。内蒙古黄河流域的水权交易效益评估工作要求厘清评估的思路，明晰评估的目标。

（1）评估思路。以内蒙古自治区范围内进行的水权交易为研究对象，秉承创新、协调、绿色、开放、共享的理念，将对水权交易工作的调查结果与必要的社会经济调查、生态实验观测和数据资料检索相结合，同时参考地区的实际情况，确立了评估的四大原则：可持续原则、效益原则、系统分析原则、时空异质原则。从供给服务、调节服务、文化服务、支持服务四个层面中选取65个要素，建立内蒙古自治区水权交易效益评估指标体系。利用熵权法、模糊层次分析（FAHP）法确定评估指标权重，建立评估指标计算模型以对内蒙古自治区水权交易进行效益评估。内蒙古黄河流域水权交易效益评估步骤如图4-1所示。

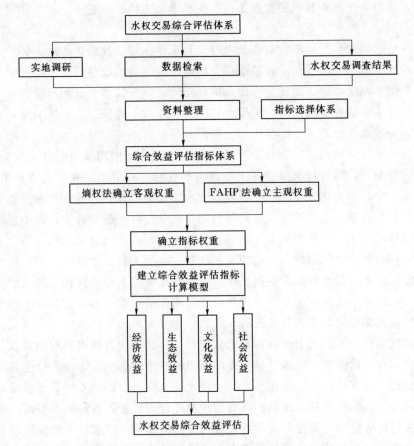

图4-1 内蒙古黄河流域水权交易效益评估步骤

（2）评估目标。通过对内蒙古自治区的水权交易进行效益评估，科学辨识水权交易的现实意义，系统评估水权交易的贡献。综合考虑内蒙古自治区水权交易所取得的成效，分析水权交易对内蒙古自治区发展所起到的作用，总结该地区水权交易的经验，为日后全国范围内水权交易的建设提供较好的科学依据。评估工作也能使社会更加深刻地认识水权交易的意义，提高水权交易在经济社会发展中的地位，更好地发挥水权在全国生态文明建设中的作用，促进人类与自然、社会的协调发展。

4. 水权交易效益评估任务和重点

水权交易效益评估的任务是紧紧围绕水生态系统服务功能，在构建供给、调节、文化、支持四大服务评估体系的基础上，对内蒙古自治区数年来开展的水权交易工作成效进行经济、文化、社会、生态四个方面的效益评估。评估任务要求客观、全面地把握内蒙古自治区水权交易工作的全貌，总结有利的经验教训，响应党中央和政府的水权工作组织要求，为持续推进下一步工作奠定坚实的基础。

评估水权交易的经济效益涉及水权交易工作在辅助社会生产活动、助力经济增长等方面产生的成效。评估水权交易的经济效益，就是回顾已经开展的水权交易工作在保经济、促民生方面发挥的作用，分析其带来巨大经济效益的原因。在评估经济效益的同时，分析水权交易工作对于经济运行的影响路径，有利于下一步水权交易工作的优化和开展。

评估水权交易的文化效益涉及的是与水权交易工作相关的制度建设能力、工程管理能力，以及与水权交易工作相关的宣传、科研水平和旅游服务水平。评估水权交易的文化效益的同时也要求对水文化进行评估，就是对人类创造的与水有关的科学、人文等方面的精神与物质的文化财产进行评估，其中包含对于感知型水文化和认知型水文化的评估。对于内蒙古黄河流域水权交易的文化评估工作，要求对区域内与水权相关的政策、水利工程、水权交易平台建设进行评定；要求对与水权相关的科研项目、科研论文以及与水权相关的旅游效益进行评定。水权交易的文化效益评估是评估工作的重要一环，它有利于指导水权工作在水文化背景下有效地开展。

评估水权交易的社会效益涉及水权交易工作为社会所做出的重要贡献，对实现内蒙古自治区社会发展目标所作的努力和产生的影响，以及水权交易工作与社会相互适应性的分析和在维系社会稳定、支撑社会持续发展等方面所起到的积极作用。水权交易工作的开展有利于更加合理地配置有限的水资源，让水这一关键的战略性资源在合适位置发挥它应有的作用，谋求最大的发展和社会利益，为社会的快速持续发展提供有力支撑，维持社会平稳运行和健康发展。

评估水权交易的生态效益涉及水权交易工作在响应生态文明建设号召、加强生态环境保护等方面做出的努力和成果。党的十九大报告要求大力推进生态文明建设，增强贯彻绿色发展理念的自觉性和主动性。生态文明建设是水权交易工作的重要指导思想之一。水权交易工作直接或间接地提升地区水生态安全质量和水环境安全等级，促进内蒙古自治区水生态安全制度体系加快形成。

为实现和落实水权交易评估的目标和任务，评估重点应着力于保障水权交易效益评估的全面性和客观性。一是要构建合理的指标体系。根据评估目的和实践情况选取评估指标，明确指标之间的重要性关系，确定有效的评价标准。二是要坚持用事实说话、用数据说话的原则。确保数据的真实性、有效性和客观性直接关系到评估结果的准确与否和评估工作的成败。评估工作要求深入实际情况，获取真实、及时的数据，为评估工作的开展奠定坚实的基础。三是要采取合适的评估方法。采取适当的评估方法是评估工作关键的一步。根据水权交易工作的特性有针对性地选择合适的评价方法，是确保评估结果成败的重要影响因素。

(二) 水生态系统服务价值流分析方法

1. 水生态系统服务理论

水是生态环境最活跃的控制性因素，水生态系统是人类赖以生存发展的重要载体和物质基础。水生态文明是生态文明的重要组成和核心要素，是生态文明的血脉。水生态文明是将生态文明的理念融入水资源开发、利用、治理、配置、节约、保护各个方面和各个环节，在尊重自然规律、历史规律的前提下，既要重视"生命之源"和"生产之要"的功能，更要兼顾"生态之基"的作用，做到生活、生产和生态用水的合理配置，做到以水定需、量水而行、因水制宜。水生态文明全面反映了"以人为本，人水和谐"的先进生态文明观，水生态文明与生态文明本质目标相一致，即构建和谐生态关系。

水生态文明建设是生态文明建设的首要任务和重要推进器。水生态文明建设就是以水资源和水环境承载能力为约束，以维持河湖健康和水生态系统良性循环为目标，坚持节约优先、保护优先、自然恢复为主的方针，通过优化水资源配置格局、强化水资源节约和水环境保护、加强水权交易制度建设，着力推进绿色发展、循环发展、低碳发展，实现改善民生、五位建设、保护生态、持续利用的共赢。

内蒙古自治区水权交易效益评估要以生态文明视角为出发点，从内蒙古自治区的水资源开发、利用、治理、配置、节约、保护等多方面对水权交易的成效进行综合评估。水生态文明理论是水权交易评估的理论基础，提供了评估的视角和方向，同时也明确了评估结束后内蒙古自治区水权交易的工作重点。

2. 基于水生态系统服务的水权交易测度关系

借鉴马斯洛需求层次理论，基于人类与水资源服务之间的互耦联系，构造水资源服务与人类福祉响应关系模型，如图 4-2 所示。

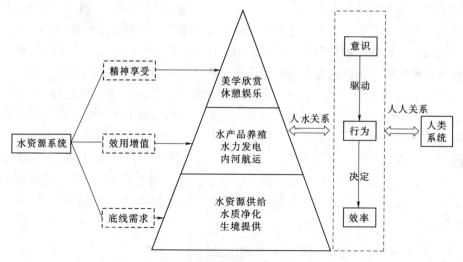

图 4-2 水资源服务与人类福祉响应关系模型

首先，水资源服务的输出具有显著的层级结构。充裕、洁净的水资源是人类生存的必需品，同时水生态系统维持着人类赖以生存的基础环境。该层次应为服务结构的底线，是满足人类最基本生存需要的关键要素，也是水权交易的本质所在。物质追求的提高与科学技术的进步促使人类展开对水资源增值空间的探索，主要表现为水产品养殖、水力发电与内河航运。而随着人类认知水平的进一步提升，美学欣赏成为了最高层的精神享受，如涉水景观的修建。其次，人类对水生态系统发挥着主观能动作用，不同情境培育出差异化的价值观，进而形成了差异化的用水行为。以极限思维为指导，利用边际用水效益作为衡量用水效率的准则，主要以开源、节流以及单位水量产出为指标。开源意为拓展水源涵养量，以增加水生态服务，提升人类惠益。节流意为倡导节水型社会建设，缓解浪费用水现象。而单位水量产出即指通过产业结构转型升级，减少单位国内生产总值用水量，以适应经济新常态下的可持续用水需求。

3. 基于水资源生命周期的水生态系统服务价值流转

水是生态环境最活跃的控制性因素，水生态系统是人类赖以生存发展的重要载体和物质基础。水生态系统服务功能主要表现为水生态系统所形成及所维持的人类赖以生存的自然环境条件与效用，根据水生态系统过程机制和功能效用可将其为人类提供的服务分为供给服务、调节服务、文化服务和支持服务。水权交易的本质在于水生态系统服务的交易。基于水资源生命周期，建立水生态系统服务的供应链结构，探讨人类行为决策对水生态系统服务动态供需的影响，以分析水生态系统服务供应链的物质量—价值量转换关系。

（1）水资源生命周期实物量流动。水资源实物量包括数量和质量两个方面，前者是从数量多少的角度表明水资源的可利用程度，后者是从对水体中污染物和其他物质的最高容许浓度所作出的规定——从质量标准的角度表明水资源的可利用程度。水资源数量通常指水资源的供给量和需求量，水资源供给量包括常规供水量和非常规供水量，常规供水量由地表水供水量和地下水供水量构成，非常规供水量由中水回用量、污水回用量、雨水供水量、咸水供水量和海水供水量构成；水资源需求量包括农业用水需求量、工业用水需求量、生活用水需求量和生态用水需求量。商品水资源实物量流动是数量和质量的统一，可以概括为三个方面：①来自地表和地下的原生水的抽取、处理和配置；②来自工业、农业、生活和生态四个方面的废水收集、处理和部分再使用；③限制和控制工业废水或者其他有害物质的排放。图4-3描述了水资源生命周期实物量的流动过程，包括天然水资源生命周期实物量流动和商品水资源实物量流动。

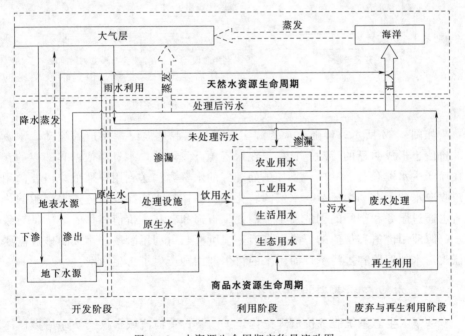

图4-3 水资源生命周期实物量流动图

如图4-3所示，天然水资源生命周期实物量流动以自然水循环为基础，一般包括降水、地表径流和地下径流、蒸发等几个过程。纵观商品水资源实物量流动的全过程，可以将商品水资源生命周期分为开发阶段、利用阶段、废弃与再生利用阶段。

（2）水资源生命周期价值量流动。水资源价值量是指水资源使用者为了获得水资源使用权需要支付给水资源所有者的货币额，它与水价是不同的概念，它是水资源本身所具有的价值。虽然天然水资源由于其稀缺性、产权等特征也具有价值，但天然水资源生命周期循环主要体现为实物量的流动，而不是价值量的流动，天然水资源只有进入社会经济系统才能表现出其价值流动，因此主要讨论商品水资源生命周期价值量的流动，如图 4-4 所示。

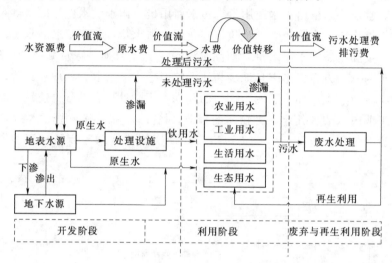

图 4-4　水资源生命周期价值量流动图

如图 4-4 所示，伴随着水资源实物量从水源地向终端用户的流动，水资源价值也形成明显的流动。首先，在水资源开发环节，水资源依据其产权的存在而产生水资源费。其次，将加工处理好的水资源输送到用户那里，需要向用户收取水费。在利用环节，水资源转化成为具体的水产品或服务，水资源的价值也通过服务和产品的创造发生了消耗、折损和转移。价值转移的结果是导致水资源使用价值和价值的下降。最后，在废弃与再利用阶段，污水的排放需要征收污水处理费和排污费，而污水的再生利用则产生了再生水费。

二、水权交易效益评估模型构建

基于水生态系统服务价值理论构建了内蒙古黄河流域水权交易评估指标体系，通过熵值法和模糊层次分析法对指标体系的详细指标进行赋权，最后构建了水权交易效益评估模型。

（一）生态文明视角下效益评估指标体系

对内蒙古黄河流域水权交易成效进行评估，需要建立一套具有描述、分析、评价、预测等功能的定量评估指标体系。本书以生态系统服务功能为基础，将水权交易效益评估系统视为由具有相互内在联系的供给服务、支持服务、调节服务、文化服务所构成的复杂巨系统的正向演化轨迹。依据此复杂系统框架，设计了一套"五级叠加、逐层收敛、规范权重，统一排序"的内蒙古黄河流域水权交易效益评估指标体系。该指标体系分为总体层、系统层、状态层、变量层和要素层五个等级。

1. 评估指标体系的结构内涵

总体层：从整体上表达内蒙古黄河流域的水权交易效益，代表地区水权交易行为总体运行态势演化轨迹和水权交易制度实施的总体效果。

系统层：以生态系统服务功能为基础，将评估系统解析为内部具有内在逻辑关系的四大子系统，即供给服务系统、支持服务系统、调节服务系统和文化服务系统。该层次主要揭示各子系统的作用功能和运行状态。

状态层：通过对生态系统四大服务功能的作用进行明晰，确定相应的状态层来反映决定各子系统行为的主要环节和关键组成成分的状态，包括某一时间断面上的水平和某一时间序列上的变化状况。

变量层：对状态层进行具象描述，筛选最能反映该状态的变量，从本质上反映、揭示状态的行为关系变化等的原因和动力，从不同角度反映状态层的水平。

要素层：采用可测的、可比的、可以获得的指标及指标群，对变量层的数量表现、强度表现、速率表现给予直接度量。通过对具体评价指标进行定量描述，构成指标体系的最基层要素。

2. 评估指标体系构建原则

构建一套科学合理的水权交易效益评估指标体系，是有效考核水权交易成效的前提条件、重要工具和依据。水权交易涉及领域比较多，包括资源、环境、社会、经济、生态等，同时涉及开发利用、工程投入、宣传教育、设施建设等各方面，每个领域和方面都存在着相互联系和影响，且考虑到国家最严格水资源管理制度的内容、要求和管理特色，为此，需要构建一套科学合理、系统全面、可操作性强的水权交易成效评估指标体系。从成效评估的目的和要求，结合水权交易的工作内容及特点来构建广义的内蒙古自治区水权交易成效评估指标体系，在此基础上，对于不同区域层次，应该结合其水资源情势特点、水资源管理能力和社会经济发展水平确定具体的指标作为评估点。在筛选指标时应该遵循以下几个原则：

（1）核心性原则。考核指标应能充分反映水权交易的关键领域。如在选取用水效率的评价指标时，要充分反映节水过程，而农业和工业是节水潜力比较大的领域，因此必须将其纳入考核指标的范畴。

（2）代表性原则。实际工作中，如果考核指标过多可能会导致数据收集困难、可靠性差、可操作性降低等问题，甚至会弱化核心指标的影响。因此，结合研究区域特点和社会经济发展等情况，选取合适数量代表性强的指标，充分反映水权交易的执行情况、管理水平和效果等，是在绩效考核指标体系仍不完善的情况下进行水权交易横向评估较为有效的方法。

（3）相关性原则。筛选指标时应该因地制宜，充分结合考核地区的特点，并与其政策导向相一致，所选指标应能充分反映考核地区政策的执行效果，且能准确度量该区域实际的水权交易落实水平。

（4）可得性原则。所选指标应具有良好的可操作性，数据获取应采用比较成熟、公认的方法，尽量避免主观因素的干扰，尽量减少不易定量化的指标。

（5）综合性原则。应该选取那些包含信息比较多的指标，用尽可能少的指标全面反映水权交易绩效的丰富内涵，以使评估结果更加准确和有效。

（6）可比性原则。选取指标时应充分考虑内蒙古自治区各盟市水资源的地区差异性，所选指标应该具有通用性，能够实现不同区域间、不同时段间的比较。在选择指标时经常会遇到一个难题，即所筛选指标之间全面性与独立性的矛盾，这时可以通过采用变异系数法、熵值法、相关系数法、条件广义方差极小法、极大不相关法和聚类分析法等定量方法加以解决。

3. 水权交易效益评估的指标体系

根据上述水权交易评估指标体系构建原则，依据所划分的总体层、系统层、状态层、变量层和要素层，以水生态系统服务的四大支持系统为基础，构建表 4-1 所列的内蒙古黄河流域水权交易效益评估指标体系。

表 4-1　　　　　　　　　效益评估指标体系

总体层	系统层	状态层	变量层	要素层
内蒙古黄河流域水权交易效益评估指标体系	供给服务	农业供给水平	投入产出指数	农业灌溉用水量
				年度灌区改造资金
				农业总产值
			资源转化效率	单位播种面积粮食产量
				单位生产面积劳动力投入
				节水灌溉面积
		工业供给水平	工业发展指数	工业总产值
				工业增加值
				万元工业产值用水量
	支持服务	环境承载水平	水资源指数	水资源总量
				水质达标率
			土地资源指数	土地总面积
				水土流失面积
				沙化退化草原面积

续表

总体层	系统层	状态层	变量层	要素层
内蒙古黄河流域水权交易效益评估指标体系	调节服务	水资源调节水平	水量调节指数	用水总量
				水权交易成交水量
				三产用水比例
			水质控制指数	治污投资占 GDP 比重
				单位污水处理成本
				渠系改造投资资金
		土地调节水平	水土保持指数	水土流失治理率
				人工造林面积
		气候调节水平	增温增湿指数	全年降水量
				水体蒸发损失量
	文化服务	涉水管理水平	制度建设能力	水权相关政策数量
				政府工作报告水权频次
			工程管理能力	水权交易成交金额
				水权交易成交水量
				实际完成工程数量
		涉水旅游水平	旅游基础设施	城市绿化率
				沿水公园数量
			旅游效益产出	全年旅游业收入
				入境旅游人数

（二）水权交易效益评估模型结构

基于上述建立的水权交易效益评估指标体系，需要确定各指标的客观权重以保障整个指标权重体系的公平性、科学性和合理性。指标的权重是评价过程中各个指标相对重要程度的一种主观与客观度量的反映，利用熵权法确定的客观权重 w_j^* 和 FAHP 法确定的结合专家意见的复合权重 V_i，得到各层级指标的综合权重 α_i^*。然后测算出内蒙古黄河流域水权交易效益 J_i，最终得到内蒙古黄河流域水权交易效益的评估模型。通过对供给、调节、文化、支持四大效益进行评估，综合辨识内蒙古黄河流域水权交易取得的成效，更深刻地明确水权交易的意义与作用，从而为全国范围内其他地区的水权交易建设提供较为科学合理的依据。

1. 效益评估熵值法赋权步骤

熵原本是一热力学概念，它最先由申农引入信息论，现已在工程技术、社会经济等领域得到十分广泛的应用。根据信息论基本原理，信息是系统有序程度的一个度量，而熵是系统无序程度的一个度量，二者绝对值相等但符号相反。

如果系统可能处于多种不同状态，而每种状态出现的概率为 $p_i = \{1, 2, \cdots, m\}$，则该系统的熵就可定义为

$$E = -\sum_{i=1}^{m} p_i \ln p_i \qquad (4-1)$$

显然，当 $p_i = 1/m (i = 1, 2, \cdots, m)$，即每种状态出现的概率相等时，熵权取得最大值：$E_{\max} = \ln m$。

若现设有 m 个待评价单位，n 个评价指标，则有原始指标数据矩阵 $R = (r_{ij})_{m \times n}$，对于某个指标 r_{ij}，有信息熵为：$E_j = -\sum_{i=1}^{m} p_{ij} \ln p_{ij}$。其中：

$$p_{ij} = \frac{r_{ij}}{\sum\limits_{i=1}^{m} r_{ij}} \qquad (4-2)$$

如果某个指标的信息熵越小，就表明其指标值的变异程度越大，提供的信息量越大，在综合评价中所起的作用越大，则其权重也应越大。反之，如果某个指标的信息熵越大，就表明其指标值的变异程度越小，提供的信息量越小，在综合评价中所起的作用越小，则其权重也应越小。所以在具体分析过程中，可根据各个指标值的变异程度，利用熵来计算出各指标权重，再对所有指标进行加权，从而得出较为客观的综合评价结果。

步骤 1：计算各指标的熵值。设 e_j 为第 j 个评价指标的熵值，其计算过程为

$$f_{ij} = x_{ij} / \sum_{i=1}^{m} x_{ij} \qquad (4-3)$$

$$e_j = \frac{1}{\ln m} \sum_{i=1}^{m} f_{ij} \ln f_{ij} \qquad (4-4)$$

式中：f_{ij} 为第 j 个指标下第 i 个评价单元的特征比重；x_{ij} 为第 i 个评价单元对应第 j 项指标的观测数据；$\sum\limits_{i=1}^{m} x_{ij}$ 为第 j 项指标的所有待评价单元观测数据之和。

步骤 2：计算各指标的熵权。设 w_j^* 为第 j 项评价指标的熵权，其计算公式为

$$w_j^* = \frac{1 - e_j}{m - \sum\limits_{i=1}^{m} e_j} \qquad (4-5)$$

2. 效益评估 FAHP 法赋权步骤

此方法一方面可以充分发挥专家打分的优势，另一方面又可以避免专家因为信息不足而造成不能给出明确评价的问题。

步骤1：综合各种信息，构造指标体系。指标以层级形式体现，分为目标层、准则层和指标层，如下式所示：

$$\begin{cases} C=(C_1,C_2,\cdots,C_i) & i=1,2,\cdots,m \\ C_i=(C_{i1},C_{i2},\cdots,C_{ij}) & j=1,2,\cdots,n \end{cases} \quad (4-6)$$

步骤2：收集专家的判断，构造判断矩阵。专家根据他们的专业知识对指标之间重要性比较进行评分。对于 i 和 j 指标，每个专家都可以给出其两两比较的判断值 a_{ij}^k，有的专家可能会给出确定的数值评价，如5或者7；有的专家可能给出一个数字区间，如 $[3，5]$；有的专家会给出语言变量或者三角模糊数，如"非常重要"或者 $[3，4，5]$ 等。对于这些不同形式的两两比较评价，需要用梯形模糊数将其转变为统一格式，以便于下一步的比较。梯形模糊数 $\tilde{A}$ 一般表示为：$\tilde{A}=(a，b，c，d)$，且 $0 \leqslant a \leqslant b \leqslant c \leqslant d$。它的隶属函数如下式所示：

$$\mu_{\tilde{A}}(x)=\begin{cases} \dfrac{x-a}{b-a}, & a<x<b \\ 1, & b \leqslant x \leqslant c \\ \dfrac{d-x}{d-c}, & c<x<d \\ 0, & 其他 \end{cases} \quad (4-7)$$

对于 k 位专家的不同评价，需要依据专家的权重进行综合。假设每位专家的相应权重是 c_k，则指标 i 和 j 的两两比较综合评价为

$$\tilde{a}_{ij}=\frac{c_1 \otimes a_{ij}^1 \oplus c_2 \otimes a_{ij}^2 \oplus \cdots \oplus c_k \otimes a_{ij}^k}{1-\sum c_r} \quad (4-8)$$

其中 $c_1+c_2+\cdots+c_k=1$，且 $c_i>0$，$\oplus$ 和 $\otimes$ 分别代表模糊加法和模糊乘法，c_r 是那些对两两比较的判断给予0值的专家人数。如果所有的专家都不能对某个比较对象打分的话，那么就将其设为缺省值，并且给予优先权重。

步骤3：对梯形模糊数去模糊化。为了把综合的模糊梯形数转化为可以直接比较的数值，并且要能够真实反映专家的意见，需要一种合适的去模糊化算法。对于 $\tilde{a}_{ij}=(a_{ij}^l,a_{ij}^m,a_{ij}^n,a_{ij}^u)$，采用下式来计算其去模糊化后的数值：

$$a_{ij}=\frac{a_{ij}^l+2(a_{ij}^m+a_{ij}^n)+a_{ij}^u}{6} \quad (4-9)$$

并且 $a_{ii}=1$，$a_{ij}=1/a_{ji}$。

相应地，所有的综合模糊评价 $\tilde{a}_{ij}(i,j=1,2,\cdots,n)$ 都能被转化成清晰数值 a_{ij}，且 a_{ij} 的范围属于 $[0，9]$。

步骤4：计算指标权重。通过将模糊判断矩阵进行去模糊化处理，可以构造一个清晰化数值的判断矩阵 A：

$$A = \begin{bmatrix} a_{11} & a_{12} & a_{13} & \cdots & a_{1n} \\ a_{21} & a_{22} & a_{23} & \cdots & a_{2n} \\ \vdots & \vdots & \vdots & \cdots & \vdots \\ a_{n1} & a_{n2} & a_{n3} & \cdots & a_{nn} \end{bmatrix} \qquad i,j = 1,2,3,\cdots,n \qquad (4-10)$$

指标 i 的权重 w_i 的计算方法为

$$w_i = \frac{1}{n} \sum_{j=1}^{n} \frac{a_{ij}}{\sum_{k=1}^{n} a_{kj}} \qquad i,j = 1,2,\cdots,n \qquad (4-11)$$

如果指标体系有 k 层，则最终指标权重 w_i^* 通过下式来计算：

$$w_i^* = \prod_{k=1}^{k} w_i^{\text{sectionk}} \qquad (4-12)$$

这样就可以计算出所有的指标权重 $w = (w_1^*, w_2^*, \cdots, w_n^*)$。

3. 效益评估权重测算

利用 FAHP 法得到的主观权重 V_i 和熵权法得到的客观权重 w_j^*，可得综合权重为

$$\alpha_i = \frac{v_i^* \cdot w_j^*}{\sum_{j=1}^{n} v_i^* \cdot w_j^*} \qquad (4-13)$$

4. 水权交易效益的评估模型

步骤 1：计算内蒙古黄河流域每个指标的分值：

$$B_{ij} = \begin{cases} 0.5 + 0.5 \cdot \dfrac{x_{ij} - \overline{x}_j}{x_{j(\max)} - \overline{x}_j}, x_{ij} \geqslant \overline{x}_j \\ 0.5 - 0.5 \cdot \dfrac{\overline{x}_j - x_{ij}}{\overline{x}_j - x_{j(\min)}}, x_{ij} \leqslant \overline{x}_j \end{cases} \qquad (4-14)$$

式中：B_{ij} 为内蒙古黄河流域每个指标的分值；$\overline{x}_j$ 为每个指标的均值；$x_{j(\max)}$ 为每个指标的最大值；$x_{j(\min)}$ 为每个指标的最小值；x_{ij} 为第 i 个评价单元对应第 j 项指标的观测数据标准化后的值。

步骤 2：计算内蒙古黄河流域水权交易效益：

$$J_i = B_{ij} \cdot \alpha_j^* \qquad (4-15)$$

式中：J_i 为内蒙古黄河流域水权交易效益；B_{ij} 为内蒙古黄河流域每个指标的分值；α_i^* 为各层级指标的权重。

三、水权交易效益评估与结论

针对内蒙古黄河流域多年来开展的水权交易实践，基于水生态系统服务理论，运用水权交易效益综合评估框架，从供给、调节、文化、支持四大角度开展对水权交易成效的综合评估，以期为内蒙古黄河流域水权交易制度建设提供

技术支撑。

（一）水权交易效益时空结构分析

1. 2003—2013 年水权交易效益分析

对内蒙古黄河流域 2003—2013 年水权转换时期供给、支持、调节、文化四大服务进行分析得出综合效益。如图 4-5 和图 4-6 所示，2003—2013 年内蒙古自治区盟市内水权转让项目取得了显著成果，阿拉善盟、巴彦淖尔市、鄂尔多斯市、乌海市的水权交易综合效益由 133.11 亿元增加到 1919.17 亿元，年均增幅达 30.58%，其中阿拉善盟和鄂尔多斯市水权交易综合效益的增幅在内蒙古黄河流域最为显著，但水权交易综合效益空间差异性较大，整体呈现出显著地域空间异质特征。具体分析如下：

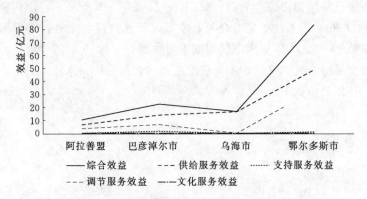

图 4-5 2003 年内蒙古黄河流域水权交易效益分析图

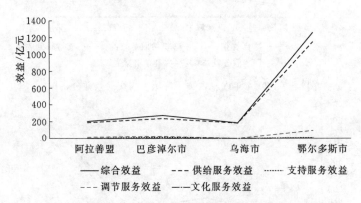

图 4-6 2013 年内蒙古黄河流域水权交易效益分析图

（1）阿拉善盟的供给服务和支持服务效益的年均增幅最大，高达 39.73% 和 25.41%，表明阿拉善盟水权转让项目通过科学灌溉等多项技术保障了土壤的水分需求及养分循环，提升了水资源利用效率，在保证农牧业连续十几年丰收的基础上极大满足了工业发展需求，实现了水资源高效利用与配置，有效推动了区域经济、社会、生态可持续发展。

（2）乌海市的调节服务效益年均增幅最大，高达 21.73％，表明乌海市开展灌区节水改造建设以来，通过完成农业转向工业的水权转让工作，取得了"多赢"效果，缓解了干旱地区经济发展用水严重不足的问题。

（3）鄂尔多斯市的文化服务效益年均增幅最大，高达 33.51％，表明鄂尔多斯市水权交易工作的开展改善了当地的自然条件，带动了相关旅游产业的发展，为该市的文化旅游工作创造了更好的条件。

2. 2014—2016 年水权交易效益分析

对内蒙古黄河流域 2014—2016 年水权转换时期供给、支持、调节、文化四大服务进行分析得出综合效益。如图 4-7～图 4-9 所示，对比内蒙古黄河流域 2014—2016 年水权交易综合效益发现，除巴彦淖尔市外，其余盟市的综合效益在 2014—2015 年呈现不同程度下滑，2015—2016 年阿拉善盟和鄂尔多斯市水权交易综合效益又呈现不同程度的回升，而乌海市水权交易综合效益持续下滑。具体分析如下：

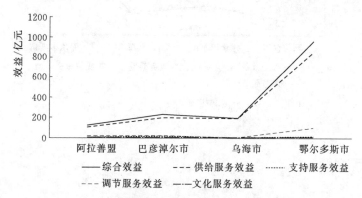

图 4-7 2014 年内蒙古黄河流域水权交易效益分析图

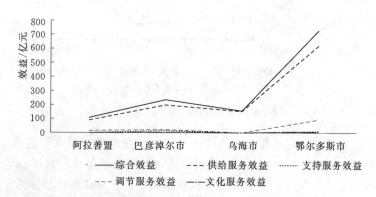

图 4-8 2015 年内蒙古黄河流域水权交易效益分析图

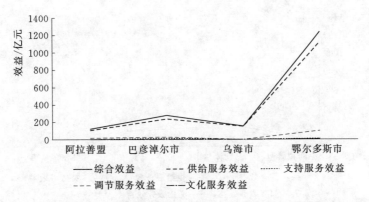

图 4-9 2016 年内蒙古黄河流域水权交易效益分析图

(1) 阿拉善盟、鄂尔多斯市和乌海市 2015 年供给服务效益的大幅度下降导致其综合效益整体呈下滑趋势，表明该段时期煤炭价格的下降对这三个地区的相关产业造成了一定的影响。巴彦淖尔市水权交易综合效益保持平稳，并呈小幅度上涨，表明巴彦淖尔市推进的河套灌区制度改革有效提高了灌区用水效率和现代化节水管理水平，实现了农业用水向工业用水的转让，推动了工业的发展，优化了产业经济结构。

(2) 阿拉善盟的文化服务效益在内蒙古黄河流域年均增幅最大，达17.21%，表明阿拉善盟的水权交易项目有效提升了该区域的水资源利用效率，改善了阿拉善盟地区的自然环境，保障了旅游风景区的天然特色，吸引了大量游客。

(3) 巴彦淖尔市的支持服务效益和调节服务效益在内蒙古黄河流域年均增幅最大，达 4.37% 和 5.36%，表明巴彦淖尔市的水权交易及其配套工程改善了当地的土壤品质，调节了气候，在防沙治沙、水土保持等方面产生的效益显著。

3. 2016—2017 年水权交易效益分析

对内蒙古黄河流域 2016—2017 年水权转换时期供给、支持、调节、文化四大服务进行分析得出综合效益。如图 4-10 所示，2016—2017 年内蒙古自治区开展的多形式水权交易工作取得了一定的成效，阿拉善盟、巴彦淖尔市、鄂尔多斯市、乌海市的水权交易综合效益由 1793.41 亿元增加到 1899.65 亿元，年均增幅达 5.92%，阿拉善盟水权交易综合效益的增幅在内蒙古黄河流域最为显著。具体分析如下：

(1) 阿拉善盟的供给服务效益和调节服务效益均有较大幅度增长，表明阿拉善盟水权转让项目有效提高了农业用水利用效率，着力解决了区域突出的生态环境问题，践行了生态优先、绿色发展的理念，有效推动了区域经济、社

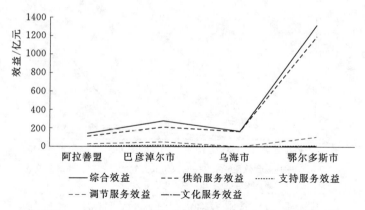

图 4 - 10　2017 年内蒙古黄河流域水权交易效益分析图

会、生态可持续发展。

（2）巴彦淖尔市的调节服务效益年均增幅最大，高达 88.74%，表明巴彦淖尔市沈乌灌域节水工程水权交易项目在中国水权交易所的成功登陆有效提升了水资源利用效率，节水效果显著，在气候调节和水资源调节方面发挥了巨大的作用。

（3）乌海市的供给服务效益、支持服务效益和文化服务效益年均增幅最大，达 7.89%、4.55% 和 9.68%，表明乌海市水权转让项目提高了农业用水效率，节约了大量农业用水，促进了农业用水指标向工业用水指标的转让。同时，与水权转让工作配套进行的防沙退沙等项目取得了一定的成果，并进一步促进了当地旅游业的发展。

（二）水权交易效益演进分析

在 2003—2017 年的 14 年间，内蒙古黄河流域水权交易为各个盟市均带来了显著的供给服务效益、支持服务效益、调节服务效益和文化服务效益。这主要得益于水资源高效利用、水污染治理、水资源保护等相关工作的开展，并在此基础上开展水权交易，调整了产业用水结构，通过农业节水量补给工业发展急需的用水量，引导水资源向经济效益高的方向转化，促进农业和工业经济的持续协调发展。

1. **阿拉善盟水权交易效益演进分析**

对阿拉善盟 2003—2017 年水权交易产生的供给、支持、调节、文化四大服务效益进行分析，结果如图 4 - 11 所示。

由图 4 - 11 可知，在 2003—2017 年期间，阿拉善盟的水权交易综合效益由 2003 年的 10.32 亿元增长到 2017 年的 140.11 亿元，年均增幅为 20.47%。在 2003—2013 年期间，阿拉善盟的供给服务效益由 2003 年的 6.59 亿元增长到 2013 年的 186.97 亿元，这是由于阿拉善盟孪井滩扬水灌区水权转让的节水

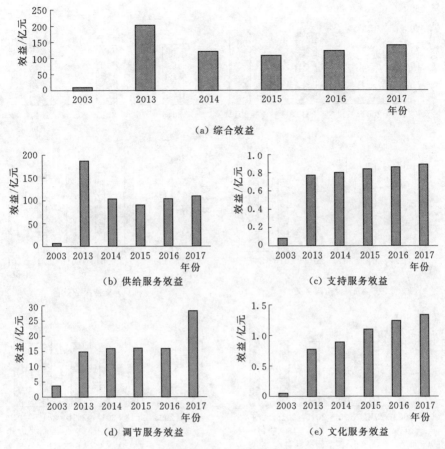

图 4-11　阿拉善盟水权交易效益演进分析图

及配套工程的实施。其中，乌斯太热电厂是阿拉善盟工业项目中第一个完成黄河水权转换工作，并获得黄河水权指标和取水许可的项目。作为内蒙古自治区水权转换首批试点项目，乌斯太热电厂水权转换工作的完成标志着阿拉善盟水权转换工作取得了实质性成果。在 2013—2016 年的 3 年间，阿拉善盟的文化服务效益也由 2013 年的 6.59 亿元增长到 2016 年的 109.67 亿元，这与水权交易的开展提升了生态环境质量，改善了自然风光和涉水景观密不可分，水权交易带动了涉水旅游行业的发展。在 2016—2017 年，阿拉善盟在防沙治沙方面持续加大投入，水土保持工作成效良好，支持服务效益由 0.86 亿元增长到 0.89 亿元，处于稳定状态。

2. 乌海市水权交易效益演进分析

对乌海市 2003—2017 年水权交易产生的供给、支持、调节、文化四大服务效益进行分析，结果如图 4-12 所示。

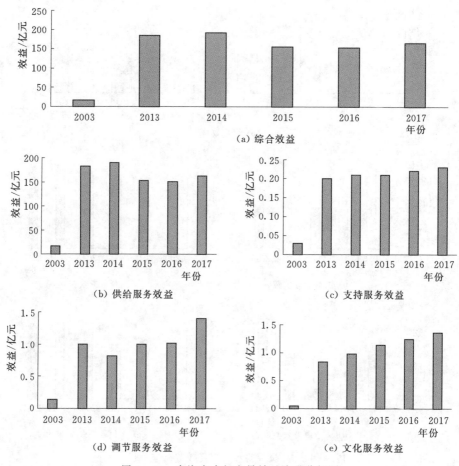

图 4-12　乌海市水权交易效益演进分析图

由图 4-12 可知，在 2003—2017 年的 14 年间，乌海市的水权交易综合效益由 2003 年的 16.85 亿元增长到 2017 年的 165.84 亿元，年均增幅为 17.74%。在 2003—2013 年的 10 年间，乌海市的供给服务效益由 2003 年的 48.83 亿元增长至 2013 年的 1149.89 亿元，主要原因是通过神华乌海市煤焦化水权转让项目的实施，对海勃湾新地灌区和海南巴音陶亥灌区进行节水改造，工程实施后提高了灌区内农业灌溉输水效率、农田灌溉水有效利用系数，节水量为 526.83 万 m³/a，转让给神华乌海市能源公司 421 万 m³/a 的生产用水。在 2013—2016 年的 3 年间，文化服务效益逐年稳步提升，由 2013 年的 0.84 亿元增长到 2016 年的 1.24 亿元，这是因为水权交易在一定程度上改变了乌海市的旅游格局，提升了旅游品质。在 2016—2017 年，乌海市的调节服务效益由 1.02 亿元增长到 1.4 亿元，这是由于兴建了海勃湾拦蓄工程，以及实施了各区域水源地综合整治工程，通过生物隔离防护、禽畜养殖控制、入河排污口整治、农田径流控制等措施，乌海市的水质调节与气候调节服务变化显著，生态环境条件得到很大改善。

3. 巴彦淖尔市水权交易效益演进分析

对巴彦淖尔市 2003—2017 年水权交易产生的供给、支持、调节、文化四大服务效益进行分析，结果如图 4-13 所示。

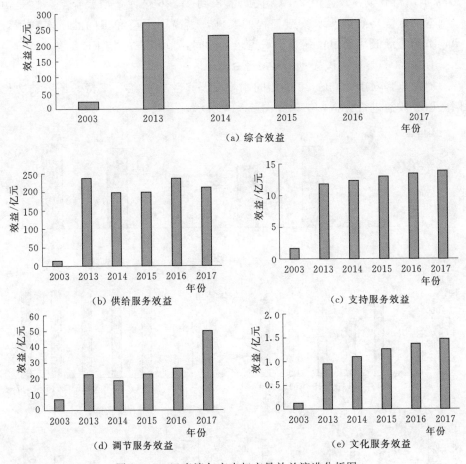

图 4-13　巴彦淖尔市水权交易效益演进分析图

由图 4-13 可知，在 2003—2017 年的 14 年间，巴彦淖尔市的水权交易综合效益由 2003 年的 22.56 亿元增长到 2017 年的 276.71 亿元，年均增幅为 19.61%。在 2003—2013 年的 10 年间，巴彦淖尔市的供给服务效益由 2003 年的 13.98 亿元增长到 2013 年的 237.14 亿元，这是由于巴彦淖尔市的农业和畜牧业相对比较发达，随着水权交易工作的大力开展，水权交易在巴彦淖尔市农业方面取得的成效显著提升，在工业方面也取得了一定的成效。在 2013—2016 年的 3 年间，巴彦淖尔市的支持服务效益由 2013 年的 11.82 亿元增长到 2016 年的 13.44 亿元，保持在高稳定增长水平，这是因为巴彦淖尔市独有的自然风貌对气候和水质的要求较高，同时积极开展水生态系统保护与修复工程，投资支持了"自来水水源地综合整治工程""乌梁素海底泥治理与生境改善工程""乌梁素海生物多样化保护工程"等一系列工程的建设。在 2016—2017 年，调节服务效益由 26.47 亿元增长到 49.96 亿元，增幅显著，这是由于河套灌区沈乌灌域节水改造工程的实施，提高了渠道和田间灌溉水利用效率，节约了灌溉用水量；缩短了渠道运行时间，节约了农业用工人数。

4. 鄂尔多斯市水权交易效益演进分析

对鄂尔多斯市 2003—2017 年间水权交易产生的供给、支持、调节、文化四大服务效益进行分析，结果如图 4-14 所示。

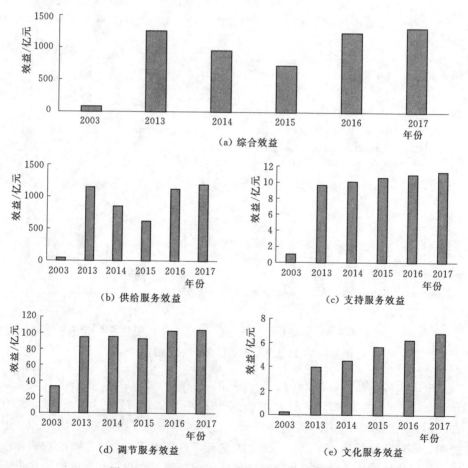

图 4-14　鄂尔多斯市水权交易效益演进分析图

由图 4-14 可知，在 2003—2017 年的 14 年间，鄂尔多斯市的水权交易综合效益由 2003 年的 83.38 亿元增长到 2017 年的 1317.03 亿元，年均增幅为 21.78%。在 2003—2013 年的 10 年间，鄂尔多斯市通过推行水权交易，供给服务效益由 2003 年的 48.83 亿元增长至 2013 年的 1149.89 亿元，在此期间经济总量急剧扩大，内部结构显著改善，工业企业数量增长迅速，工业产值持续高速增长，财政收入年均增长 41.9%。通过鄂尔多斯市水权转让一期、二期工程，在用水总量不增加的情况下，引导水资源向经济效益高的方向转化，工业项目通过建设引黄灌区节水改造工程获得了水权，保障了农业与工业协调发展，依靠高效节水现代农业、经济结构调整推动区域用水结构调整，发挥市场资源配置功能，实现水资源向高效率、高效益行业转让。在 2013—2016 年的 3 年间，鄂尔多斯市的调节服务效益由 2013 年的 94.8 亿元增长到 2016 年的 102.48 亿元，保持稳定增长。鄂尔多斯市积极进行污染控制，对河道进行清淤改造，对灌区进行灌排分离和排水渠改造，对畜禽养殖场废弃物进行回收处理，对面源污染严重的地区加大治理力度。土壤盐渍化状况得到改善，灌域天然植被覆盖度也有所增加，水质调节效益和气候调节效益显著提升。在 2016—2017 年，鄂尔多斯市的文化服务效益、支持服务效益都呈现出增长趋势，这是由于鄂尔多斯市退沙工作的成功开展，生态环境得到改善，文化旅游收入逐年提高。

（三）水权交易效益评估结论

1. 供给服务效益评估结论

　　内蒙古黄河流域开展水权交易以来，通过农业节水反哺工业用水来实现水资源的合理配置，在保障农业生产实现稳定增长的同时，满足了工业生产所需水量，实现了内蒙古黄河流域工业经济发展的腾飞。在水权转让过程中，通过节水工程的配套实施，减少了农业灌溉用水总量，解决了工业用水缺水的根本问题，水权交易供给服务效益逐年增加，从 2003 年的 86.62 亿元增加至 2017 年的 1678.94 亿元。

　　内蒙古黄河流域盟市间水权转让试点工作首先对制度进行了改革。通过对小型农田水利产权制度的改革、农业水价的综合改革以及"秋浇制度"的改革，节约了大量农业用水，实现了粮食和经济作物的增产，提高了农业投入产出效率。其次对灌区工程进行了改造，使得试点区域引黄耗水量从改造前的 5.4 亿 m³/a，降至 2017 年的 3.87 亿 m³/a，并且呈逐年递减趋势。渠道和田间灌溉水利用效率逐年提高，大大缩短了农业灌溉时间，节约了农业用工人数，降低了农民的农业用水成本，减轻了农民的负担，使农业生产效率得到提升。

未来内蒙古自治区水权交易应当继续推行并深化制度改革，提高农业用水效率，在观念、意识、措施等各方面都把节水放在优先位置，切实把节约用水贯穿于工程建设的全过程。为保障内蒙古自治区农业和工业的经济发展，要做到以下几点：①加大水利灌溉工程的投资和建设力度，提高农业灌溉用水效率，全面实现灌区节水；②提高水权交易流程管理水平，引入现代化的科学管理技术和方法保障水权交易的实施，以水权交易的开展和配套工程的实施保障内蒙古黄河流域城市经济的发展；③提高水资源配置合理水平，因地制宜地根据企业实际的用水需求和灌区配水份额进行科学配置，解决区域工业项目用水问题，保障地区经济社会的可持续发展。

2. 支持服务效益评估结论

内蒙古黄河流域在开展水权交易工作的同时，通过防沙治沙工程提高区域环境承载水平，探索生态补偿机制、突出重点区域治理，把防沙治沙与水权交易配套工程相结合，激发内蒙古自治区水权交易潜力，水权交易支持服务效益逐年增加，从 2003 年的 2.82 亿元增加至 2017 年的 26.28 亿元。

未来为更好地提高内蒙古自治区水权交易支持服务效益，内蒙古自治区政府应按照党的十九大提出的坚持"保护优先、自然恢复为主"的方针，认真贯彻落实中央农村工作会议精神，紧密结合"乡村振兴战略"，把防沙治沙作为林业生态保护建设的重中之重，要做到以下几点：①进一步加大沙区林草植被保护力度，严格执行国家和内蒙古自治区相关制度，认真落实《沙化土地封禁保护修复制度方案》（林函沙字〔2016〕167 号），加强沙化土地封禁保护区和沙漠公园建设，积极开展沙区灌木林平茬复壮试点工作；②加快沙化土地治理步伐，实施好京津风沙源治理、"三北"防护林体系建设和退耕还林等国家林业重点生态工程，启动实施浑善达克、乌珠穆沁沙地重点危害区治理工程，大力推进规模化林场建设；③发展壮大林沙产业，把防沙治沙与发展农村牧区经济结合起来，引导各种社会主体合理开发利用沙区资源，探索和创建类型多样的产业化防治模式，增强防沙治沙的持续发展动力。

3. 调节服务效益评估结论

内蒙古黄河流域开展水权交易以来，以生态优先理念作为水权交易指导理念，在对水资源进行科学合理的再分配的同时，对地方生态环境进行保护和修复，水权交易调节服务效益逐年增加，从 2003 年的 3.83 亿元增加至 2017 年的 183.47 亿元。

内蒙古黄河流域水权转让试点的实施通过节水改造工程的开展，在满足农业用水的前提下保障了工业用水的供给，促进了经济的发展，还带来了生态效益。首先是将节水量部分作为生态用水，用于黄河干流和湖泊湿地的生态补水，从而实现气候调节；其次是通过节水改造工程维持区域内的地下水水位，进而改善土地盐碱化状况，保障区域植被用水，减少水土流失率，从而实现土地状况调节；除此之外，内蒙古自治区通过对闲置取用水指标的回收及再分配，将绝大部分回收的水指标用于置换地下水的开采，解决了地下水超采和水质恶化等生态问题。

随着国家"一带一路"建设、京津冀协同发展和西部大开发、新一轮东北振兴等战略深入实施，全区进入加快推进生态文明建设的关键时期，生态环境保护工作面临重要的战略机遇。未来为更好地提高内蒙古自治区水权交易调节服务效益，提高内蒙古自治区生态环境水平，要做到以下几点：①内蒙古自治区政府要把生态环境保护工作放在更加突出的地位，严守生态底线，保障经济发展和生态保护的同步进行；②要加强生态环境法治建设工作，发挥环境法治的引领和规范作用，为依法保护环境提供有力保障；③要转变经济发展方式，升级区域产业结构和能源结构，大力发展环境友好型企业；④要提高民众和社会对政府环保工作的参与和监督热情，形成全员参与的环保氛围。

4. 文化服务效益评估结论

内蒙古黄河流域开展水权交易以来，一系列生态环境修复工作的开展大幅度改善了区域的生态环境及涉水景观，促进了当地旅游产业的快速发展，水权交易文化服务效益逐年增加，从 2003 年的 0.44 亿元增加至 2017 年的 10.96 亿元。

内蒙古自治区政府积极适应经济发展新常态，加大旅游业投入，创新旅游发展模式，完善旅游服务体系，加强自然生态环境保护，旅游业呈现出逆势而上、快速发展的良好态势，已成为新的经济增长点。全区旅游业竞争力不断提高，品牌化、现代化、特色化旅游业已经成为内蒙古特色。

未来为更好地提高内蒙古自治区水权交易文化服务效益，内蒙古自治区的旅游业要坚持品牌化发展，以品牌带动全域旅游和四季旅游，促进旅游业转型升级，全面提升旅游业的影响力和竞争力。同时分类推进，融合发展，以"旅游＋"拓宽发展新空间：①"旅游＋生态"，促进生态系统的保护和合理利用，构建以绿色生态产业为主的地区可持续发展格局；②"旅游＋健康"，开发集康复疗养、养生保健于一体的健康旅游产品；③"旅游＋商品"，丰富旅游商品品牌体系，延伸旅游产业链条，拓宽旅游创收渠道。

第五章 内蒙古黄河流域水权交易实践创新

内蒙古黄河流域水权交易制度建设实践创新，与我国经济社会的发展息息相关，脱离不开现实的水资源禀赋与管理体制。水资源供需矛盾达到临界点时，水权交易制度建设创新便成了可能和唯一选择。国家宏观政策的倾斜及当地丰富的矿产资源为内蒙古黄河流域自身经济社会发展带来了巨大机遇，与此同时，水资源总量刚性约束且以农业灌溉用水为主的水资源开发利用现状，为当地开展水权交易制度的创新提供了客观条件。再加上传统行政配置模式失效，造就了新制度模式诞生的契机，即通过内部挖潜、将农业水指标转换为工业水指标，走一条新的制度之路打破现有的用水瓶颈。

一、理念创新

理念是行动的先导，是思想理论的核心。理念转变会引领方式转变，以方式转变推动质量和效益提升。理念创新就是要保持思想的敏锐性和开放度，打破传统思维定式，努力以思想认识新飞跃打开工作新局面。

2003—2017 年的 10 余年间，内蒙古自治区将水权理念变革与内蒙古自治区发展实践相结合，以水利部给出的概念框架为基础，以内蒙古黄河流域经济社会发展进程为对象，逐步从水权转换过渡到水权转让，直至变革为水权交易理念。内蒙古自治区"实事求是、真抓实干"的水资源管理工作正是引领这一发展历程的关键要素，通过十余年的探索，走出了一条适合于我国北部干旱半干旱区域的流域内水权交易管理道路，形成了具有鲜明时代特征、区域特征的水权交易理念创新模式，即坚持"节水优先、空间均衡、系统治理、两手发力"的新时期治水思路，坚持问题导向，坚持生态安全、农业安全底线思维，认识问题—分析问题—解决问题—完善认识的螺旋式理念创新模式。总体来看，内蒙古黄河流域水权交易理念创新模式具有以下显著特征。

（一）践行新时期治水思路

自觉解放思想。治水工作必须保持敏锐性和开放度，勇于打破陈旧观念束缚和习惯思维定式，因势而谋、应势而动、顺势而为，开创治水工作新局面。在水权转换初期"节水优先"的基础认知上，逐步引入市场要素，开始探索空间格局上的水权转让，达到了"空间均衡"的认知层面，到后来逐步按照市场机制开展水权交易，充分发挥市场对优化配置资源的重要作用，"系统治理"，形成政府、市场"两手发力"的水资源配置格局。在这一过程中，关键是对党中央水权相关指导意见的深刻学习贯彻，以及对水权改革实践的深入思考。习近平总书记强调，要善用系统思维统筹水的全过程治理，内蒙古自治区只有结合自身发展实践学习党中央指导意见，充分解放思想，才能实现理念创新，始终把握住水权改革的时代本质。

（二）坚持问题导向、实事求是

实事求是看问题，真抓实干看发展。2003—2013 年的 10 年间，我国经历了从行政配置水资源到逐步认识到水资源市场配置必要性的进程，但此时仍主要以政府行政配置为水资源配置管理的主导力量，水权理念的讨论仍处于概念探讨阶段。2014—2016 年的 3 年间，国家大力推动水权试点工作，为水资源配置中的行政与市场力量相协调提供经验，在这一阶段，已经确立了两权分立、有限流转的总体认识，水权理念的讨论已经进入了探索性实践阶段。2016—2017 年的 2 年间，伴随着我国水权交易所的建立，国家已逐步确立市场作为资源配置的主导力量，水权理念的讨论已经进入了应用完善阶段。在不断变化的问题中，始终紧紧把握内蒙古黄河流域水资源供需结构失衡的实际情况，将区域生产生活的迫切需求作为认识问题的主要矛盾点，逐步创新水权交易发展理念，推进水资源管理体制机制改革。

（三）坚持生态安全、农业安全底线

走科学发展之路。习近平总书记多次强调，必须走生态优先、绿色发展之路，使绿水青山产生巨大的生态效益、经济效益和社会效益。党的十九大更是明确提出建立符合生态文明要求的社会主义市场经济机制。在水权交易理念认识的每一阶段，内蒙古自治区始终把节约用水作为破解水资源供需矛盾的先决条件，以内蒙古黄河流域地下水水位线为红线指标，以不影响农业用水为前提条件，始终将保障内蒙古黄河流域生态安全、农业安全作为底线思维，使得水权交易理念创新具有了极强的时代特征、区域特征，保障了水权交易的公平、效率和可操作，始终贯彻节水、生态优先理念。

二、理论创新

内蒙古自治区在黄河流域开展的水权探索性实践，三阶段的主要冲突决定了其阶段特征。如果冲突被正确解决，水权交易制度将进入下一阶段，否则，原有制度将会恶化、甚至倒退。当冲突被解决时，水权交易制度将进入一个更高的层次，这时新的冲突又会产生，这个过程将在更高的平台重新开始，整体呈现出螺旋上升态势。具体表现为：①盟市内水权转换阶段，受制于"八七分水"方案

指标限制，地区发展面临水资源瓶颈制约，农业配套设施落后，节水改造资金需求和工业用水指标需求矛盾突出，水权的有偿分配在一定程度上缓解了该矛盾，初步形成"节水投资、水权转换"的水权制度建设新思路；②盟市间水权转让阶段，工业项目需水量大幅度增加，部分盟市内灌区节水潜力已不大，通过大力推进生态文明建设，完善最严格水资源管理制度，积极开展水权交易试点，实现水资源管理从政府配置向市场化运作的转变；③市场化水权交易阶段，政府主导的水权有偿分配模式效率低下、缺乏弹性，为改善该状况，地区从制度建设和交易实践两方面出发，逐步完善水权交易市场运作机制和方式。

（一）诱致性制度建设理论

在水权交易中，用水矛盾的日益突出、水环境的严重污染以及水权交易监督管理制度不健全等问题对水权交易制度建设形成倒逼机制，推动形成兼具稳定性与生命力的各类水权流转中介制度与管理制度，从而培育水权交易市场的决策部署，指导水权交易实践。

内蒙古自治区为破解水资源瓶颈制约，将水权理念的理论把握与内蒙古实践相结合，实现了从环境保护到生态保护再到地区稳定的跨越式发展。总结出适用于我国北方缺水地区关于水权确权、水权交易、闲置取用水指标管理等水权管理关键环节的诱致性制度设计模式，实现了我国缺水地区水权制度链条的创新突破：①制度设计者的转变。灌区水管单位从与工业用水企业直接开展水权转换转变为通过内蒙古自治区水权交易平台与工业用水企业进行水权交易，水权交易制度得以改进和完善。②制度运作方式的改变。运用市场机制合理配置水资源，培育和发展水市场。水权中心是内蒙古自治区水权交易契约网络的基础组成部分，负责制定水权交易规范，发布水权市场信息，为灌区水管单位与工业用水企业之间的水权交易提供平台支撑，并向工业用水企业、灌区水管单位收取交易费用，推进盟市间转让资金筹措、组织实施及管理等。③公众参与程度的逐步深入。公众配合灌区节水工程的改造并发挥监督作用。保证水权交易工作有效落实的同时，还增强个体农户参与节水型社会试点建设的意识。让用水户参与灌区末级渠系的管理，推动灌区专管机构的体制改革，使灌区的渠道灌溉水利用率得到显著提高，确保灌区经济、社会的可持续发展。

（二）水权交易总量动态调控理论

水权交易总量动态调控理论从水权交易系统总体出发，综合考虑自然、经济、社会等因素之间的复杂交互关系，围绕用水指标供需动态平衡，通过分析水资源供需矛盾、供需两端的动态变化过程，以政府、市场两手发力的水资源配置方式，对水权交易用水指标进行总量动态调控。

在用水总量的刚性约束下，如何盘活存量用水指标，成为内蒙古黄河流域破解用水指标供需矛盾、动态调控水权交易总量的关键。考虑到存量水资源除了来自用水主体采取工程和非工程措施节约得到之外，还有更大一部分是用水主体因各种原因形成的闲置水资源。对此，内蒙古自治区通过多年实践经验，探索出了盘活存量水资源的新思路。根据闲置水指标处置办法，为了促进水资源集约高效利用，有效处置闲置取用水指标，实现内蒙古黄河流域水权交易总量动态调控，允许经内蒙古自治区、各盟市水行政主管部门认定和处置的闲置取用水指标通过水权中心的交易平台进行转让交易。内蒙古自治区水权交易总量动态调控理论的创新在于：①政府引导、市场配置。将水资源使用权法人未按行政许可的水源、水量、期限取用的水指标或通过水权转让获得许可、但未按相关规定履约取用的水指标明确界定为水权交易范围，有效盘活了存量水资源，实现黄河水资源合理配置。②过程监管、动态控制。内蒙古自治区按照总量控制、节水优先的原则，严格执行区域用水总量控制指标。在政府总量控制的前提下，充分发挥市场配置资源功能，以内蒙古自治区经济社会发展对水权转让的需求为牵引，遵循市场交易的基本准则开展水权转让并进行动态监管，对出现的闲置取用水指标及时处置和利用，依法规范水市场行为，促进水资源集约高效利用。内蒙古黄河流域水权交易总量动态调控理论是在内蒙古自治区十几年水权交易的实践基础上产生的新理论产物，为下一步水权交易制度建设奠定了基础。

三、管理创新

管理创新是指行为主体对其组织结构、工作模式和所用的技术手段进行改造或改进，以使组织更高效的一种过程，社会管理创新必然要求政府在社会管理理念、管理体制和管理机制等方面进行一系列的改革。为了不断适应社会发展所带来的水权交易需求变化，运用市场机制，促进两手发力，内蒙古黄河流域积极寻求自身职能部门和工作机制的创新，提高行政工作效率，以期能够使水权交易制度建设顺利开展。本节从组织和机制两个角度来总结内蒙古黄河流域水权交易制度创新。

（一）组织创新

内蒙古自治区积极转变水权交易管理理念，充分发挥市场在资源配置中的决定性作用和政府的引导、监管作用，创新组织结构模式。成立水权中心，完善灌区水管单位职能，组建黄河水权收储转让工程建设管理处，在内蒙古自治区政府、水利厅、各盟市三级均成立水权转让试点工作领导小组和办公室，在基层组织成立农民用水者协会，对深化内蒙古自治区水权改革，保障内蒙古自治区水资源的可持续发展具有重要意义。

1. 成立水权中心

为了推进内蒙古自治区盟市间水权转让工作,充分发挥市场在水资源配置中的决定性作用和更好地发挥政府作用,内蒙古自治区创新性地创建了全国第一家省级水权交易平台,推动内蒙古自治区水权交易规范有序开展,以节约和高效利用水资源为导向,以引导和推动水权合理流转为重点,促进水资源的优化配置与高效利用。水权转换、水权转让、水权交易三阶段流程分别如图5-1~图5-3所示。

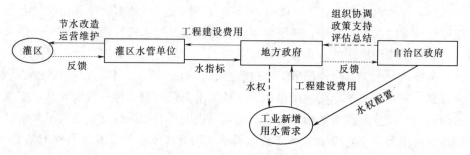

图5-1 水权转换流程

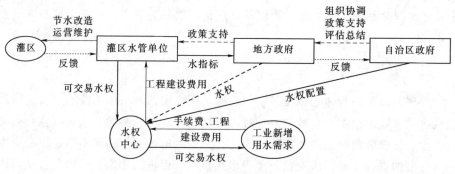

图5-2 水权转让流程

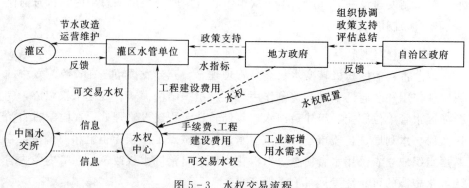

图5-3 水权交易流程

水权中心的组建，取得了一举多赢的效果，缓解了水资源短缺的瓶颈制约，带来了巨大的经济、社会和环境效益，开启了我国水利行业尝试通过组建专门机构实施水权交易试点的先河。

2. 提升内蒙古自治区灌区水管单位管理能力

在水权交易信息化的推动下，为了带动交易规则体系的设立，推动组织改革，灌区水管单位积极转变水利发展思路，完成了监测点建设、网络传输系统建设、灌区管理平台升级改造等信息化建设任务。

内蒙古自治区开展水权交易制度建设工作以来，灌区水管单位除了对灌区的工程建设负有施工职责外，还新增了对节水工程建成后期的运营管理、提升用水效率等管理职责。

综上所述，通过完善灌区水管单位能力建设，进一步完善了内蒙古黄河流域水权交易制度的组织架构，使各级组织更好地参与其中。

3. 组建水权收储转让工程建设管理处

为了有效落实试点项目建设与管理工作，规范项目建设与管理监管体系，推动水权交易信息一体化，结合实际情况，创新性地组建水权收储转让工程建设管理处，负责工程建设的全过程管理，对项目建设的工程质量、工程进度、资金管理和生产安全负总责。

2016年1月7日，盟市间黄河干流水权转让工作领导小组办公会议审查并通过了水权中心编制的《内蒙古自治区黄河干流水权盟市间转让试点项目建设管理办法》。建设管理办法规定河灌总局组建巴彦淖尔市黄河水权收储转让工程建设管理处（以下简称"工程建管处"），承担试点项目建设与管理主体责任，并对试点项目法人负责。

工程建管处的组建规范了内蒙古自治区黄河干流水权盟市间转让试点项目的建设管理，提高了建设管理水平，确保了工程质量、安全、进度和投资得到有效控制。工程建管处下设六个工作组，其职责见表5-1。

表5-1 工程建管处工作组责权结构

工作组	职 责
工程建设管理组	负责水权转让工程实施阶段的各项建设管理
工程建设监督检查组	水权转让工程实施阶段的责任主体，负责有关机构履行职责行为的监督检查
工程财务管理组	负责水权转让工程实施阶段的财务管理
水权执行与检查组	具体执行水权收储转让程序，负责水权收储转让项目的监督管理
施工现场管理组	负责各施工标段、监理标段的现场管理
施工保障组	负责协调施工期间的社会矛盾

4. 成立水权转让工作领导小组

为了保障内蒙古自治区水权转让工作科学化、规范化开展，保证水权转让稳妥进行，内蒙古自治区创新性地在自治区政府、自治区水利厅、相关盟市政府均成立了工作领导小组，建立事权清晰、权责一致、规范高效、监管到位的内蒙古自治区水权转让工作组织结构，以规范水权转让的行为。

在自治区层面，按照《盟市间转让意见》要求，内蒙古自治区政府成立了水权转让试点工作领导小组。领导小组办公室设在自治区水利厅，承担领导小组日常工作，具体负责以下工作：①组织编制盟市水权转让总体规划；②组织初审或审批报批水权转让项目的水资源论证及可行性研究报告；③审批水权转让及节水改造工程初步设计；④负责监督检查水权转让节水改造工程的实施；⑤负责水权转让及节水改造工程实施中的相关协调工作；⑥组织水权转让及节水改造工程验收；⑦承担内蒙古自治区政府交办的其他事项。

在盟市间层面，为了更好地推进盟市间水权转让工作，以水资源的高效、可持续利用支撑沿黄各盟市经济社会可持续发展，自治区水利厅也成立了盟市间水权转让工作领导小组。小组的主要职责是负责协调推进盟市间水权转让工作的顺利实施。

在各盟市层面，相关盟市成立主要领导牵头的水权转让领导小组和办公室，具体负责以下工作：①组织水权转让各方签订《水权转让协议》；②审核用水企业水权转让申请；③负责协调受让方缴纳水权转让各种费用；④承担内蒙古自治区水权转让试点工作领导小组交办的其他事项。

三层级水权转让领导小组在实施水权转让试点工作中具有不同的分工，通过明确分工、高度重视、精心组织，加大了水权试点工作指导、协调和监督力度，加强了政策和资金支持，能及时研究解决水权转让中出现的重大问题，保障试点项目实施方案的扎实稳步推进，为黄河流域推进区域间水权转让工作积累经验。

5. 推行农民用水者协会

内蒙古自治区结合其水权转让工作的特点，推行公众参与制度，以农民用水者协会推动用水户参与灌溉管理创新。农民用水者协会参与水权、水价、水量的管理和监督，并负责斗渠以下水利工程管理、维修和水费收取，在保证水权转换工作有效落实的同时，还增强了公众参与节水型社会试点建设的意识。

自内蒙古自治区开展水权交易工作以来，农民用水者协会的目标除了通过参与式灌溉满足所有用水户的灌溉需求之外，也让用水户以组织的形式参与到水权交易中，进一步提升了农户的生产经营效益和收入水平。农民用水者协会可以代表全体用水户与供水公司签订用水合同，拟定用水计划、合理制定灌溉方案；对于农民用水者协会的水权分配的初始界定拟定明确的方案。在水权初始分配完成后，拟定各用水户在水权市场进行水权交易时所遵循的原则，为各用水户提供有关水资源利用的相关信息，监督各用水户在水权交易的二级市场进行谈判和交易。

农民用水者协会的成立提高了农户在水权交易中的谈判地位。农户的经营分散性决定了农户在水权交易中容易处于不利地位，受各方势力对自身利益的侵蚀。政府、企业与农户之间的信息不对称必然会导致不公平的交易发生。农民用水者协会作为农户权益的代言人，有助于实现农户与政府、企业之间谈判地位的对等性，增加讨价还价的能力，克服水权交易中政府主体、企业主体与农户地位的不对称性，也可以运用法律手段反对在合同执行过程中不公正、不合法的行为，以维护自身的权益。

（二）机制创新

内蒙古自治区在探索水权交易的过程中，充分发挥市场在资源配置中的决定性作用和政府的引导、监管作用，创新水权交易工作机制。结合内蒙古黄河流域实际情况，着重从水权交易确权、盟市内水权交易、盟市间水权交易、闲置水指标转让、水权交易协议定价、水权金融、水权交易监管、水权交易评价与补偿等多方面系统开展了水权交易工作机制创新工作，为内蒙古黄河流域水权交易及其配套工程的实施建设提供了坚实的制度保障。

1. 水权交易确权机制

为不断深化落实灌区水利改革，逐步推进水权制度建设，明确用水权的归属，建立完善的引黄用水总量控制、定额管理制度，实现黄河水资源合理配置，促进计划用水和节约用水，提高农业用水效率，内蒙古河套灌区管理总局、巴彦淖尔市水务局结合乌兰布和灌域沈乌干渠跨盟市水权转让项目的实施，在乌兰布和灌域沈乌干渠试点地区开展了引黄用水水权确权登记与用水指标细化分配工作。编制了《内蒙古河套灌区乌兰布和灌域沈乌干渠引黄灌溉水权确权登记和用水细化分配实施方案》；提出了建立"归属清晰、权责明确、监管有效"的水权制度体系的目标，利用3年的时间（2016—2018年）完成了乌兰布和灌域沈乌干渠引黄灌溉水权确权登记与用水指标细化分配试点工作，明晰了基层用水组织的引黄水资源管理权和终端用水户的引黄水资源使用权；建立了用水确权登记数据库，完成了《内蒙古河套灌区乌兰布和灌域沈乌干渠引黄水权确权登记和用水指标细化成果报告》的编制，为447条直口群管渠道的用水组织发放《引黄水资源管理权证》，为17003个终端用水户发放《引黄水资源使用权证》，为终端用水户免费提供水权交易手机APP软件。

水权确权登记的主要做法有：①明确确权范围。沈乌灌域内以国管渠道（干渠、分干渠）上开口的直口渠为单元，将水权水量细化到乡镇（苏木）、村、农牧场（分场）、终端用水户所使用的黄河地表水指标。确权主体是沈乌灌域涉及的巴彦淖尔市磴口县、杭锦后旗和阿拉善盟阿左旗3个县（旗）人民政府，由县（旗）人民政府授权磴口县水务局、杭锦后旗水务局和阿左旗水务局具体实施确权登记工作。确权登记对象为沈乌灌域内利用灌域供水系统进行灌溉的用水户，包括村组、农牧场（分场）、农民用水者协会、农业经营大户、终端用水户等。用水权属凭证期限暂定为5年，到期延续办理。②明确了用水权人的权利和义务。用水权人享有依法用水和有偿转让、交易的权利，同时接受县级以上水行政主管部门的监督管理，依法缴纳水资源费。③水权确权登记。向确权对象发放用水权属凭证，即《引黄水资源使用权证》。证书主要载明用水权人、可使用水资源量（包括多年平均来水情况下最大允许年用水量和年内丰增枯减水量）、水源类型、水源地点、取用水方式、具体用途、权属凭证期限等，需退水的，还载明退水地点、退水量、退水方式、退水水质等。同时与水利工程设施权属范围一致。

登记形式：在试点期间，根据实际情况，进行纸质和电子确权登记，同时，建立该区域的确权登记数据库，并及时将数据资料逐级传送到巴彦淖尔市水务局；在推广和全面实施期间，按照自治区水利厅的具体要求进行水权确权登记，建立全区统一的水权确权登记数据库。

发证机关：《引黄水资源管理权证》由内蒙古河套灌区管理总局颁发，《引黄水资源使用权证》由所属县（旗）人民政府颁发。样例如图5-4和图5-5所示。

（1）灌溉用水户水权交易。灌溉用水户水权交易在灌域内部用水户或者用水组织之间进行。

旗县级以上人民政府或者其授权的水行政主管部门通过水权证等形式将用水权益明确到灌溉用水户或者用水组织之后，可以开展水权交易。

灌溉用水户水权交易期限不超过一年的，不需审批，由转让方与受让方平等协商，自主开展；交易期限超过一年的，事前报灌区管理单位或者旗县级以上人民政府水行政主管部门备案。

灌区管理单位应当为开展灌溉用水户水权交易创造条件，并将依法确定的用水权益及其变动情况予以公布。

旗县级以上人民政府或其授权的水行政主管部门、灌区管理单位可以回购灌溉用水户或者用水组织的水权，回购的水权可以用于灌区水权的重新配置，也可以用于水权交易。

（2）构建水权确权管理系统。水权确权管理系统功能主要包括基础数据维护、水权确权管理、水权使用情况查询、用水量维护、水权证书管理等。

水权确权管理系统主要应用于乌兰布和试点项目区，用于对乌兰布和灌域

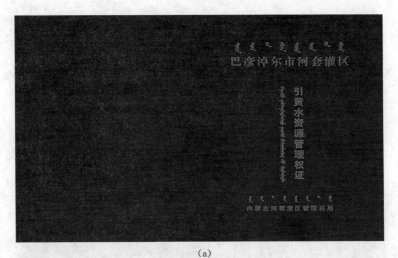

(a)

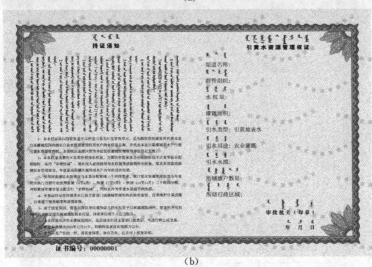

(b)

图 5-4　《引黄水资源管理权证》

内东风渠、一干渠、建设一分干渠、建设二分干渠、建设三分干渠上的直口渠
进行水权确权认定，根据各渠道 2008—2013 年五年用水量以及五年用水指标
的平均数，对各直口渠上的用水户进行水权确定并生成水权证书，同时可以根
据渠道、行政区等进行水权查询，通过系统实现水权管理。水权确权管理系统
流程如图 5-6 所示。

　　水权确权管理系统的建立，使管理单位可以更加科学地管理水资源，提高
农户节水灌溉的积极性，使水权管理更加科学便捷，为管理人员提供了一套科
学、方便的管理系统，可以随时按照需求查询水权信息，同时结合 WebGIS 系

(a)

(b)

图 5-5 《引黄水资源使用权证》

统，可以更加直观地结合水权信息按照区域进行水权查询，为下一步水权交易、工业建设等提供一个参考平台。

（3）水权细化分配。

1）分配依据。

初始水权量以国务院"八七分水"方案分配内蒙古自治区正常来水年份 58.6 亿 m³ 的可耗黄河地表水资源，自治区人民政府分配巴彦淖尔市正常来水年份 40 亿 m³ 的可耗黄河地表水资源，以及《巴彦淖尔市黄河水资源县级初始水权分配方案》确定的农业灌溉用水分配水权为依据。磴口县、杭锦后旗的初始水权量以《巴彦淖尔市黄河水资源县级初始水权分配方案》确定的磴口县 24250 万 m³、杭锦后旗 54530 万 m³ 的水

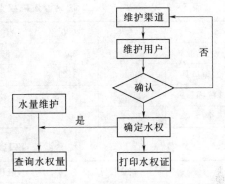

图 5－6　水权确权管理系统流程

权量为基数。阿左旗的初始水权量以自治区人民政府分配阿拉善盟 5000 万 m³ 的水权量为基数。在沈乌灌域确权水量为 2.48 亿 m³，其中磴口县确权直口渠指标水量为 2.1508 亿 m³，杭锦后旗确权直口渠指标水量为 0.1021 亿 m³，阿左旗确权直口渠指标水量为 0.2270 亿 m³，均在初始水权量范围之内。

2）分配方法。沈乌灌域灌溉面积以 2012 年为基准年，直口渠数量以 2014 年水量决算数据为准。直口渠水资源使用权水量以 2008—2013 年（不含 2012 年）5 年直口渠农业用水量均值作为基数，扣除直口渠及其以下渠道衬砌、畦田改造、畦田改滴灌等节水工程实施后的用水量为准。干口渠年度水量指标将根据黄河水量调度丰增枯减指标，继续按照河套灌区各灌域分水比例综合考虑，水量细化到 4—6 月、7—9 月、10—11 月三个阶段。各直口渠水资源管理权量与直口渠辖区内终端用水户使用权量在年度用水执行过程中也按 4—6 月、7—9 月、10—11 月三个阶段划分，并按黄河年度水量分配预案实行"丰增枯减"。

3）水权分配。根据沈乌灌域每条直口渠现状用水量（表 5－2）和节水工程的节水量（表 5－3），分别计算出工程实施后每条直口渠应分配水量。经统计，沈乌灌域 447 条直口渠应分配水量为 24800 万 m³，其中磴口县 21508 万 m³、杭锦后旗 1022 万 m³、阿左旗 2270 万 m³（表 5－4）。

与初始水权量相比，计算的灌域及各旗县所有确权渠道应分配水量总量均未超出其范围，有较强的可操作性，是合理的。

沈乌干渠引黄灌溉面积以 2012 年为基准年，黄委批准沈乌口取水许可量为 45000 万 m³，转让水量为 12000 万 m³，折减系数为 1.2，沈乌口剩余水量为 30600 万 m³，衬砌后干渠、分干渠两级渠道的利用率为 0.85，折算到直口渠上水量为 26010 万 m³，预留 5% 水量，直口渠实际确权指标水量为 24800 万 m³。

表 5-2　　　　　　　　沈乌灌域确权渠道用水量统计表　　　　　　单位：万 m³

分区	2008 年	2009 年	2010 年	2011 年	2013 年	5 年平均
沈乌灌域	33362	36847	35491	32327	36544	34914
磴口县	29026	31217	30553	30421	31938	30631
杭锦后旗	1102	1385	1377	1461	1456	1356
阿左旗	3234	4245	3561	445	3150	2927

表 5-3　　　　　　　　沈乌灌域直口渠节水效果统计表

分区	渠道衬砌		畦田改造		畦田改滴灌		合计节水量/万 m³
	衬砌长度/km	节水量/万 m³	面积/万亩	节水量/万 m³	面积/万亩	节水量/万 m³	
沈乌灌域	720.72	7499.00	65.3780	6143.29	12.760	3481.63	17124
磴口县	652.66	6790.84	57.7200	5423.72	12.594	3462.71	15677
杭锦后旗	41.06	427.23	3.1349	294.58	0	0	722
阿左旗	27.00	280.93	4.5228	424.99	0.166	18.92	725

表 5-4　　　　　　　　沈乌灌域直口渠水量确权分配汇总表　　　　　　单位：亿 m³

分 区	5 年平均用水量	节水量	分配水量
沈乌灌域	3.4914	1.7124	2.48
磴口县	3.0631	1.5677	2.1508
杭锦后旗	0.1356	0.0722	0.1022
阿左旗	0.2927	0.0725	0.2270

发证范围：将《水资源管理权证》水量 24800 万 m³ 发证分配到 447 条直口渠的群管组织；以直口渠为单元，将《水资源使用权证》水量发证确权到 17003 个用水户，其中磴口县确权直口渠指标水量为 21508 万 m³，涉及 15904 个用水户；杭锦后旗确权直口渠指标水量 1022 万 m³，涉及 492 个用水户；阿左旗确权直口渠指标水量 2270 万 m³，涉及 607 个用水户。

2. 盟市内交易机制创新

盟市内的水权转让主要是由盟市的地方人民政府主导进行，政府依据规划配置水权转让指标，同时组织前期工作的开展与灌区节水工程建设。政府组织新增的工业用水企业对本地农业灌区进行节水改造工程投资，开展节水工程建设，投资的工业企业从中获得节余水量使用权。内蒙古自治区盟市内水权交易经历了两个阶段：2003—2005 年主要是由工业用水户直接与灌区节水改造地农户联系的"点对点"形式；2004—2013 年为了提高水权转让资金利用效率，满足逐渐增加的工业用水户的用水需求，由灌区政府作为平台，将工业用水户的专项资金进行统一分配，通过规模效应进行节水工程改造，极大地保障了交易水量。盟市内水权交易由内蒙古自治区水行政主管部门和黄河水利委员会主导和核验成效。盟市内水权交易机制创新如图 5-7 所示，主要体现以下几个方面：

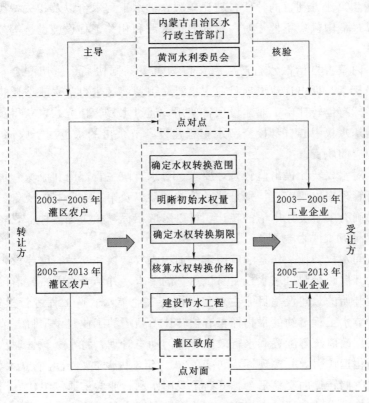

图 5-7　盟市内交易机制创新

（1）限定了 5 种水权转让范围。对超出本区域或流域水资源可利用量的、地下水超采区、生态用水、对公共利益以及生态环境或第三者利益可能造成影响的、向国家限制发展的产业用水户转让的等不允许转让的 5 种情形进行了规定。

（2）明晰初始水权量与实际需求之间的差异。内蒙古自治区是黄河流域传统的灌溉农业区，在历史上重视农业灌溉水资源配置的背景下，农业灌溉配置的初始水权比重大，如今工业用水需求日益增多，导致了现状用水结构与经济社会发展严重不协调。在此背景下，编制内蒙古自治区水权转换总体规划。

（3）明确水权转换的期限。综合考虑节水工程设施的使用年限和受水工程设施的运行年限，兼顾供求双方的利益，合理确定水权转换的期限，期满后受让方需要继续取水的，应重新办理转换手续，受让方不再取水的，水权返还出让方，并由出让方办理相应的取水许可手续。

（4）明确水权定价机制。基于市场机制定价原则，提出水权转让费的确定应考虑相关工程的建设、更新改造和运行维护，提高供水保障率的成本补偿，生态环境和第三方利益的补偿，转让年限，供水工程水价以及相关费用等多种因素，其最低限额应不低于对占用的等量水源和相关工程设施进行等效替代的费用。

（5）内蒙古自治区水行政主管部门与黄委共同协商、密切配合，创新思维，积极探索，提出让建设项目业主出资对引黄灌区进行节水改造，将灌区节约的水指标有偿转让给工业建设项目使用，通过水权转让方式，获得黄河取水指标。后期水权中心自身投资节水工程建设，节余出的水量用于收储和交易，并承担相应的职责。

（6）对水权转让提出监督管理要求。对水行政主管部门和流域管理机构黄委的监督管理提出要求，特别是涉及公共利益以及第三方利益的公告、听证要求，并明确有多个受让申请的转让，可以采取招标、拍卖等多种形式。

3. 盟市间交易机制创新

盟市间水权转让工作是响应国家"加快水权转换和交易制度建设，在内蒙古自治区开展跨行政区域水权交易试点"的要求，并结合内蒙古自治区自身发展需求而开始的。建设项目业主对河套灌区农业节水改造工程进行投资建设，而后，将节水工程节约的水指标再有偿转让给新增的工业建设项目。节约的水指标，依据政府统筹配置和水行政主管部门动态管理，将水资源管理从政府配置向市场化运作引导并实现逐步转变。2013年，内蒙古自治区成立水权中心，作为水权收储转让的交易平台，开启了我国水利行业尝试通过组建专门机构实施水权转换试点的先河，水权交易正式进入了盟市间水权交易阶段。

如图5-8所示，在自治区水利厅的统筹指导下开展盟市间水权交易。河灌总局依据节水改造工程建设情况确定可交易水权，并传达至水权中心，由水权中心通知作为受水方的鄂尔多斯市、阿拉善盟和乌海市的工业企业。受水方依据各自的用水需求与水权中心进行水权交易工作，并将节水工程建设费用与维护资金缴纳至水权中心，由水权中心上交至河灌总局。在河灌总局的管理下，作为转让方的巴彦淖尔市农民用水者协会参与到节水改造工程中。首先，进行节水改造工程建设，工程建设完成后由黄委开展工程核验，若核验通过则配置可转让水指标，由水权中心与受水方签订水权转让合同，并进行实施。在合同实施全过程中，进行节水计量监测与监督管理，确保按合同要求供应相应水量至受水方。整个水权交易过程在四个盟市成立的由主要领导牵头的水权转让领导小组的监管之下进行。

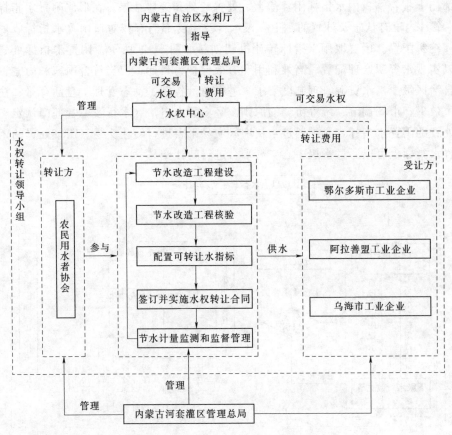

图 5-8 盟市间水权交易机制创新

4. 闲置水指标转让机制

随着内蒙古自治区社会经济的不断发展，部分地区的能源化工行业对水量的需求仍然很大，却因当地取用水总量已达到或者超过控制指标，而无法获取更多的用水指标。同时，部分地区存在着一些闲置水指标。这一矛盾限制了区域经济社会的可持续发展。为缓解地区取用水指标供需矛盾，落实最严格的水资源管理制度，促进水资源集约高效利用，有效处置闲置取用水指标，根据《中华人民共和国水法》、《取水许可和水资源费征收管理条例》等法律法规，内蒙古自治区水利厅结合实际，创新制定了闲置水指标处置办法，用于自治区行政区域内闲置取用水指标的认定和处置。

闲置取用水指标的认定和处置的实施主体为旗县级以上水行政主管部门。上一级水行政主管部门负责对下一级水行政主管部门闲置水指标的认定和处置工作进行监督。各级水行政主管部门依照建设项目水资源论证分级审批管理权限对闲置水指标进行认定。下一级水行政主管部门应及时向上一级水行政主管

145

部门上报管辖权内水指标闲置信息、处置意见和处置结果。在形成闲置水指标6个月内没有认定及处置的，上一级水行政主管部门有权对该闲置水指标收回并统筹配置。闲置取用水指标转让机制创新如图5-9所示。闲置水指标处置以实现水资源合理配置、高效利用和有效保护为目标，应当符合国家和内蒙古自治区最严格水资源管理制度要求，遵循总量控制、动态管理、盘活存量、注重效率、市场调节、统筹协调的原则。经内蒙古自治区水行政主管部门认定和处置的闲置水指标，必须通过水权中心交易平台进行转让交易。盟市处置的闲置水指标也可以通过水权中心交易平台进行转让交易。

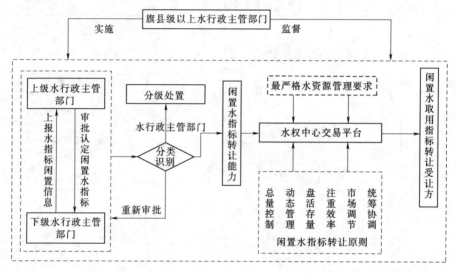

图5-9　闲置水指标转让机制创新

对于项目尚未取得审批、核准、备案文件，但建设项目水资源论证报告书批复超过36个月的；项目已投产，使用权法人未按照相关规定申请办理取水许可证的非水权转让项目，使用权法人仍需使用该水指标的，使用权法人应在收到《认定书》后30个工作日内按照相关规定，重新履行水资源论证报告书或履行取水许可的相关审批手续。

对于项目尚未取得审批、核准、备案文件，但建设项目水资源论证报告书批复超过36个月的；项目已投产，使用权法人未按照相关规定申请办理取水许可证的；项目已投产，使用权法人未按照许可水源取用水，擅自使用地下水或其他水源超过6个月的非水权转让项目，按水行政主管部门闲置水指标分级管理权限进行处置。

对于项目已投产并申请办理取水许可手续，但近2年实际用水量（根据监测取用水量，按设计产能折算后计）小于取水许可量的项目，使用权法人通过节水改造节余的水指标，由水权中心与使用权法人协商回购。

根据《内蒙古自治区闲置取用水指标处置实施办法》，截至 2018 年，内蒙古自治区收回了闲置取用水指标共计 7444.45 万 m³，通过交易平台进行市场化水权交易，其中，通过中国水权交易所进行了 2000 万 m³ 的公开交易，通过水权中心进行了 5444.45 万 m³ 的协议转让。闲置取用水指标的处置和交易，有效地提高了水资源利用效率，解决了历史遗留的 28 家企业违规取用水现状，为 75 家用水企业分配了水权转让指标，其中 24 家用水企业已经用上了 5121.29 万 m³ 的黄河取水指标。

闲置水指标处置办法的出台，是自治区水利厅对缓解地区取用水指标供需矛盾的一次创新和尝试，对于实现水资源合理配置、高效利用和有效保护具有重要作用和意义。同时，通过市场化手段盘活闲置水，也为下一步内蒙古自治区的水权交易改革奠定了基础。

5. 水权交易协议定价机制

水权交易协议定价机制设计路线结构具有中观层面与微观层面两大操作层面，具有社会层面、区域层面、用户层面三大管理层面。其中，管理层面需求目标的实现有赖于下级层面需求目标的实现，操作层面之间通过多利益相关者合作得以实现。在具体的政府主体、水权中心、买方主体、卖方主体之间还具有环环相扣的责权关系。政府对整个水权交易起一个引导作用，确保社会整体效用最优，实现社会整体的水资源最优配置。水权中心为确保盟市内和盟市间水资源的最优配置，在政府引导下与买方主体和卖方主体进行交易撮合，最终取得一个三方均能接受的价格。原则上来讲，上一层次的水资源优化配置方案是下一层次进行水权交易协议转让的基础，只有上一层次进行了水资源优化配置，下一层次的水权交易协议转让才能进行。水权交易协议定价机制创新如图 5-10 所示。

如图 5-10 所示，从多利益相关者合作的角度出发，水权交易协议转让问题可以理解为是对同一层次及不同层次之间水权交易多利益相关者责权关系的合作博弈问题。

6. 水权金融机制创新

水权交易中标企业在办理履约担保时经常遇到困难，因为办理履约担保时传统银行业务需要企业提供足额资产抵押或者 100% 保证金。水利中标企业一般缺乏足额抵押物，而 100% 保证金又将造成大量资金沉淀，无法将有效的资金用于水权转让项目施工或材料供应，同时银行办理时需提供复杂资料，且周期长，影响施工合同的签订，进而影响施工进度。

基于上述考虑，水权中心与内蒙古蓝筹融资担保股份有限公司达成战略合作，专门针对内蒙古黄河流域盟市间水权转让工程创新设计了"水源保"履约

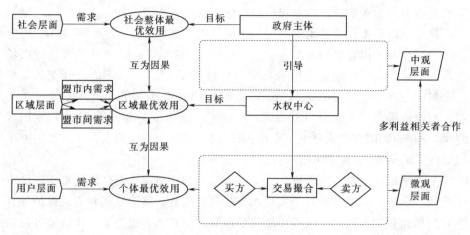

图 5-10   水权交易协议定价机制创新

担保产品，该产品具有不需要提供抵押物、不需要保证金、综合成本低、手续简便和办理效率高等特点。水权金融机制创新如图 5-11 所示。

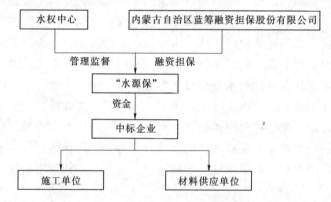

图 5-11   水权金融机制创新

如图 5-11 所示，该创新履约担保产品解决了施工单位与材料供应单位的燃眉之急。为中标企业增加了资金流动性，降低了经营成本，降低了承包人履约担保成本的 50%～80%，使得承包商将更多的资金投入到水利施工生产中。

7. 水权交易监管机制

内蒙古自治区水权交易严格遵循国家法律法规，以国家水权改革方向为引导，探索适应内蒙古自治区的水权交易创新模式。为规范水权交易程序，严格交易监管，保障水权有序流转，内蒙古自治区以实行最严格水资源管理制度为基础，制定了《交易管理办法》，对开展水权交易的原则、交易主体、交易程序及其监督管理等方面进行了明确的规定。

如图 5-12 所示，按照《交易管理办法》要求，内蒙古自治区水行政主管部门负责全区水权交易的监督管理。盟市、旗县（市、区）水行政主管部门按照各自管辖范围及管理权限，对水权交易进行监督管理。其他有关行政主管部门按照各自职责权限，负责水权交易的有关监督管理工作。同时规定，旗县级以上人民政府水行政主管部门应当按照管理权限加强对水权交易实施情况的跟踪管理，加强对相关区域的农业灌溉用水、地下水、水生态环境等变化情况的监测，并适时组织开展水权交易的后评估工作。有关部门对水权交易行为进行监督管理。交易完成后，转让方和受让方应当按照取水许可管理的相关规定申请办理取水许可变更等手续。

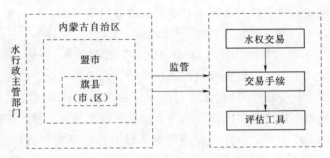

图 5-12　水权交易监管机制创新

8. 水权交易信息化管理机制

内蒙古自治区水权交易试点工作开展以来，以水利信息化带动水利现代化，不断完善灌区量水设施及信息化建设。

（1）采用雷达波技术进行渠道测流。该技术具有与水不接触、不收缩断面、不节流、不影响渠道输水、运行维护简单、测量快速等特点，形成了一套灌区自动化测流全新解决方案。

（2）新建灌区功能性电子沙盘。该沙盘能够演示灌区渠道布局和地形特征，实时查询和显示渠道运行数据、图像等灌区各类信息，为灌区运行管理带来了方便。

（3）新建水利监测点。根据试点工程信息化建设设计批复，完成了水权试点水情采集、视频采集、墒情采集、自动测流、气象和地下水水位监测，以及水利信息化管理平台升级改造的建设任务，形成了灌区初步完善的水利信息化网络系统。建立跨盟市水权转让监测系统数据中心，初步实现了灌域用水及监测数据与灌域管理部门和交易平台资源共享。

（4）新建网络传输系统。新建通信铁塔、扩展升级灌区管理单位网络、强化与下属管理单位信息互通能力。将基于公网光纤的通信主干网作为灌区主干通信的主要传输链路，原有无线宽带主干网作为应急备用，形成灌区线式星形网络布局。

（5）升级改造灌区水管单位管理平台。在灌区已有计算机网络系统的基础上，将网络节点延伸，形成四级中心节点。兼备内蒙古黄河流域水利信息化数据分中心、地方盟市水利信息化数据中心的功能，建立盟市间水权转让监测系统数据中心，实现了信息资源的整合与共享。建成具有综合调度大厅、电子沙盘、计算机培训专用电教室、数据中心等为一体的综合决策支持平台。

9. 评价与利益补偿机制

为合理评估水权交易对内蒙古黄河流域产生的综合影响，内蒙古自治区委托第三方开展水权转让对区域地下水、水域、天然植被等生态环境的影响研究，研究盟市间水权转让对灌区水管单位、农牧民的影响，探索建立影响评价机制及补偿办法，研究建立水权交易风险补偿基金。

2015 年，内蒙古自治区投资 1000 万元，委托黄河水利科学研究院引黄灌溉工程技术研究中心、内蒙古自治区水利科学研究院和内蒙古农业大学组成第三方评估小组。从 2015 年开始，项目组对河套灌区沈乌灌域的引排水、生态环境、用水户用水情况和灌域管理单位运行管理情况等进行持续跟踪监测，评估试点工程的节水效果、试点工程实施对区域生态环境和利益相关方的影响。自 2015 年 9 月至今，连续开展了灌区引水量、排水量及水质、地下水埋深及水质、土壤含盐量、天然植被生长状况、典型水域水位、农业用水户灌溉用水情况等跟踪监测，并于每年年初，评估组及时开展上年度工作总结及本年度工作计划安排，收集整理分析上年度监测资料，并按照《黄河水权转让管理实施办法》（黄水调〔2009〕51 号）向自治区水利厅和黄委提供了节水工程节水效果和监测评价报告。避免试点项目对利益相关方和周围环境造成不利影响。

第六章 内蒙古黄河流域水权交易平台建设

一、水权交易平台建设思路

（一）水权交易平台信息化建设必要性

1. 履行管理职责、践行治水新思路的需要

2011年以来，党中央、国务院相继出台了一系列政策文件，对建立和完善国家水权制度、推动水权水市场建设做出总体部署，提出明确要求。党的十八大提出积极开展水权交易试点工作，十八届三中全会要求推行水权交易制度。2014年3月，习近平总书记提出"节水优先、空间均衡、系统治理、两手发力"的新时期水利工作思路，要求"推动建立水权制度，明确水权归属，培育水权交易市场"。李克强总理强调，加快水利发展，关键要靠改革，对水权制度改革提出明确要求。党中央、国务院的一系列决策部署是为了加快培育水权市场，而水权交易平台信息化建设可为水权水市场的发展提供支撑。

2. 优化水资源配置的技术支持

内蒙古黄河干流盟市间水权转让试点工作大幕已经拉开。试点工作的开展，解决了内蒙古自治区50多个工业项目的用水问题。内蒙古黄河干流盟市间水权转让主要是通过政府调控、市场调节、水行政主管部门动态管理的方式，将农业灌溉节约的水量有偿转让给工业企业，以工农业的相互支持、区域间合理配置，实现水资源优化配置。开展水权交易平台信息化建设，可为水资源的优化配置提供技术支持。

3. 落实最严格水资源管理制度、满足水权交易实践的现实需求

实行最严格水资源管理制度要求对于水资源进行科学管理，水权交易为有效配置水资源提供了直接有效的解决方案。水权交易平台信息化建设工作有利于水权交易又快又好地进行，为满足内蒙古地区发展和用水需要提供了助力。

（二）水权交易平台信息化建设可行性

1. 符合国家水利事业改革发展方向

党的十八大将"信息化水平大幅提升"确定为全面建成小康社会的目标之一，习近平总书记提出的"十六字"治水思路以及水利部《关于深化水利改革的指导意见》都对水利信息化提出了新的要求。

2. 当代信息化技术满足项目需求

当代信息技术发展迅猛，云计算、物联网、移动互联网、大数据等信息技术日益成为发展的驱动力量，为水权交易平台的信息化建设奠定了良好的技术基础。

3. 水权交易平台信息化建设满足交易实践需求

信息化建设能够满足不同层次之间的水权交易需要，覆盖水权交易的所有流程与环节，适用于多种水权交易模式。移动端的建设适应环境的变化，使得用水户能够随时随地地开展交易。水权交易平台的信息化建设将活跃内蒙古黄河流域的水权交易市场、激发水权交易动力、降低交易成本、提高交易便捷度，有力推动区域水权交易有序展开，为通过市场机制优化配置水资源，保护水资源可持续利用、地区经济社会可持续发展提供坚实保障。

二、水权交易平台建设目标与原则

（一）建设目标

实现水权交易方便、快捷、安全、有序进行，为水权交易提供权威、专业的交易服务，践行国家水利事业改革目标，为落实最严格水资源管理制度提供重要技术支撑。

（二）建设原则

1. 统筹安排、突出重点

针对内蒙古自治区水资源特点，依托现有的水利信息化条件，统筹安排、注重实效，有针对性地开展信息化建设。

2. 总体规划、分步实施

从内蒙古自治区水权交易实际需求出发，统筹做好整体规划。根据管理需要，优先进行紧迫的信息化建设，分布推进。

3. 充分整合、高效利用

充分利用内蒙古自治区现有的各种信息化系统，按照资源共享的原则进行信息化建设，强化区域的统一优化配置、集中管理和共享利用。

4. 保障安全、易于管理

信息化建设要结合现有业务，高度重视系统的安全建设，在保障应用系统可靠运行的同时兼顾保障系统的网络安全、数据安全、应用安全。

三、水权交易平台信息化建设

2013 年以前，内蒙古自治区取用水指标的配置和交易主要是以政府为主导，市场在资源配置中处于从属的地位。为了进一步发挥市场在水资源配置中的重要作用，经政府同意，2013 年由内蒙古水务投资集团有限公司出资，成立了内蒙古自治区水权交易平台——内蒙古自治区水权收储转让中心（以下简称"水权中心"）。

（一）业务范围

主营业务：内蒙古自治区内盟市间水权收储转让；行业、企业节余水权和节水改造节余水权收储转让；投资实施节水项目并对节约水权收储转让；新开发水源（包括再生水）的收储转让；水权收储转让项目咨询、评估和建设；国家和流域机构赋予的其他水权收储转让。

配套业务：水权收储转让咨询；非常规水资源的收储；技术评价；信息发布；中介服务；咨询服务等。

（二）功能定位

水权中心是公益类国有企业，是内蒙古自治区水资源管理改革的业务支撑单位，服务内蒙古自治区水利中心工作，以节约和高效利用水资源为导向，以引导和推动水权合理流转为重点，促进水资源的优化配置与高效利用。主要提供：①水资源管理公共服务；②运营自治区级水权交易平台；③盘活存量，培育水权交易市场；④严控增量，探索开展水资源使用权确权登记等配套改革；⑤建立并完善水权交易运作机制与规则体系。

（三）公司结构

公司设立综合办公室、水权交易部、水权收储部、风险防控部、资产财务部 5 个职能部门：①综合办公室，主要负责人力资源管理、后勤管理、档案管理、制度研究、综合事务管理等；②水权交易部，主要负责项目收集筛选，交易过程、合同管理，水权市场建立运作，信息化平台建设，发展战略规划，合同节水，市场经营数据统计分析，客户数据库管理，水权交易相关业务咨询等；③水权收储部，主要负责节水工程项目前期工作，组织招投标工作，项目建设监督管理，项目建设资金管理，项目运行监管和转让期监管及评估等；④风险防控部，主要负责公司风险防控制度设计、运营风险防控工作、公司法律纠纷处理、突发事件应急处置等；⑤资产财务部，主要负责公司内部财务核算管理、外部交易结算、资产财务管理、财务风险防控等。

（四）交易运作机制和方式

1. 借助中国水权交易所水权交易系统完成交易

水权中心与中国水权交易所结成战略合作伙伴关系，水权中心通过会员服务的形式，嵌入中国水权交易所开发的水权交易系统开展互联网交易。水权交易系统包括公开交易子系统和协议转让子系统，适用于区域水权交易和取水权交易，实现了水权交易用户注册、交易申请、发布公告、意向申请、交易撮合、成交签约、价款结算全流程环节全覆盖。另外，该系统为水权交易面广、量大、交易频次高的灌溉用水户开发了手机 APP 移动终端服务功能，为农业用水户的小型化水权交易提供了便捷、高效的实现途径。

2. 确定水权转让价格和支付方式

依据水权试点交易价格核算及交易规则，水权试点交易成本根据水利部黄河水利委员会批复的《内蒙古黄河干流水权盟市间转让河套灌区沈乌灌域试点工程可行性研究报告》和《内蒙古自治区水利厅关于〈内蒙古黄河干流水权盟市间转让试点工程初步设计报告〉的批复》，按照计算公式：水权转换总费用/（水权转换期限×年转换量），确定水权转让价格为 1.03 元/（m³·a），此价格包括 5 项内容：节水工程建设费、节水工程和量水设施运行维护费、节水工程更新改造费、工业供水因保证率较高致使农业损失的补偿费用、必要的经济利益补偿和生态补偿费用。

根据一期试点工程的实际情况，经水权中心、河灌总局、用水企业三方协商，明确了水权交易费用支付方式。

节水工程建设费：合同签订后 30 日内用水企业支付总价款的 20%，6 个月内支付到总价款的 50%，12 个月内支付到总价款的 90%，竣工验收后 30 日内全部付清。此费用由用水企业支付到水权中心指定账户。

节水工程和量水设施运行维护费：在节水工程核验后 3 个月内第一次支付，以后每五年支付一次，共支付五次，每次支付费用为 1.50 元/m³。此费用由用水企业支付到河灌总局指定账户。

节水工程更新改造费：在节水工程核验后第五年开始支付，以后每五年支付一次，共支付四次，与节水工程和量水设施运行维护费同时支付，每次支付费用为 0.27 元/m³。此费用由用水企业支付到水权中心指定账户。

3. 建立水权交易监管机制

出台《内蒙古自治区水权交易管理办法》（内政办发〔2017〕16 号）（以下简称《交易管理办法》），并逐步建立完善水权交易监管机制。按照国家规范性文件的要求，《交易管理办法》严格遵循国家水权改革方向，结合内蒙古自治区水权水市场建设需求，对开展水权交易的原则、交易主体、交易程序及其监督管理等方面进行了明确规定。

《交易管理办法》明确了水权交易主体条件和程序要求。《交易管理办法》规定，转让水权的一方为转让方，取得水权的一方为受让方。社会资本持有人经与灌区或者企业协商，通过节水改造措施节约的取用水指标，经有管理权限的水行政主管部门评估认定后，可以收储和交易（第十条），同时交易主体还必须提供水权交易项目水资源论证报告批复文件和水权交易项目取水许可申请

（第十三条）。交易主体符合要求后，需要严格按照发布水权交易公告、意向受让申请、意向受让受理、交易保证金缴纳、成交签约、交易价款结算等程序办理。《交易管理办法》对平台交易程序做出了规定，具体流程为：转让方提交材料—水权交易平台公告水权交易的相关信息—意向受让方填写意向受让登记表，并提交材料—水权交易平台在收到意向受让方申请材料后进行复核—以协议转让、公开竞价或者符合相关法律、法规、规章规定的其他方式进行交易—水权交易平台确认水权交易符合相关法律、法规、规章规定的，与转让方、受让方签订三方协议，并及时书面告知有管理权限的水行政主管部门—受让方按照合同约定结算价款。

《交易管理办法》明确，内蒙古自治区水行政主管部门负责全区水权交易的监督管理。盟市、旗县（市、区）水行政主管部门按照各自管辖范围及管理权限，对水权交易进行监督管理。其他有关行政主管部门按照各自职责权限，负责水权交易的有关监督管理工作。同时规定，旗县级以上人民政府水行政主管部门应当按照管理权限加强对水权交易实施情况的跟踪管理，加强对相关区域的农业灌溉用水、地下水、水生态环境等变化情况的监测，并适时组织开展水权交易的后评估工作。有关部门对水权交易行为进行监督管理。交易完成后，转让方和受让方应当按照取水许可管理的相关规定申请办理取水许可变更等手续。属于下列情形之一的，不得开展水权交易：①城乡居民生活用水；②生态用水转变为工业用水；③水资源用途变更可能对第三方或者社会公共利益产生重大损害的；④地下水超采区范围内的取用水指标；⑤法律、法规规定的其他情形。

总之，制定出台《交易管理办法》主要目的是以实行最严格水资源管理制度为基础，规范水权交易程序，严格交易监管，为保障水权有序流转提供基本的遵循。

（五）水权交易平台信息化建设流程

1. 水权交易信息化系统建设

水权交易信息化系统建设要遵循以服务为核心的方法，分析水权交易业务需求，制定工作流程，再制定信息流程，从而指导系统软件开发和部署。水权交易系统设计的出发点是通过技术手段帮助用户完成业务流程，其本质是业务流程，不是简单的计算机系统和计算机应用。

（1）技术路线。根据系统建设需求，采用面向服务的构建化体系结构（SOA）进行设计，以更迅速、更可靠、更具重用性架构的方式和理念实现水权交易业务系统开发建设。该架构的优势是利于统一业务架构，可扩展性强、加快开发速度，节约开发成本、能够持续改进业务过程，降低激变风险等，进而能够更加从容地面对业务的急剧变化和扩展。为了适应并发、分布系统及互联网的计算特征，系统采取面向对象技术设计系统，将系统分为一系列对象，通过对象的状态变化完成计算。

（2）系统设计步骤。系统设计要围绕业务流程展开，采用面向服务的体系架构 SOA 实现业务功能设计，确保系统的灵活性和可拓展性，基于 SOA 技术路线的系统设计包括角色及业务、业务流程设计、流程节点分解、页面组件设计、软件架构、系统硬件平台等 6 个关键环节，如图 6-1 所示。

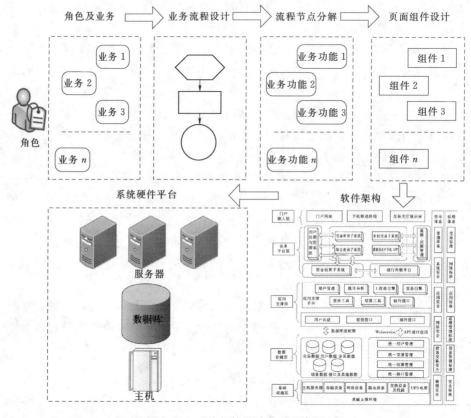

图 6-1　系统架构设计流程示意图

（3）工作流程梳理与模块设计。按照《水权交易管理暂行办法》规定的三种水权交易种类和《中国水权交易规则（试行）》确定的两种交易方式，根据水权交易流程梳理出区域水权公开交易挂牌、区域水权公开交易应牌、区域水权协议转让交易、取水权公开交易挂牌、取水权公开交易应牌、取水权协议转让交易、灌溉用水户水权交易 7 个工作流程。

水权交易系统基于松耦合、易拓展、模块化的原则设计，通过分析水权交易业务流程，开发了公开交易模块、协议转让模块、灌溉用水户水权交易移动客户端。结合用户权限和业务内容，开发功能模块，根据不同水权交易工作流程调用、组装不同的功能模块，完成水权交易，实现系统的扁平化、多复用化。

（4）系统数据库设计。

1）数据库结构设计。水权交易系统不仅要面向不同类型的交易主体，还要面向水权交易后台审核人员、交易管理人员和系统监管人员，需要对数据库采用分区策略，面向用户的数据库按照分布区域进行分区处理。用户账户数据库视图如图6-2所示。

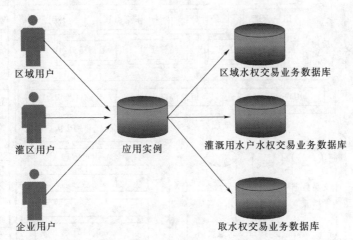

图6-2 用户账户数据库视图

由于水权交易系统的交易行情、报价、财务等交易信息要求实时展示，而水权交易系统建设是集中的，为了避免系统和中心数据库进行通信造成的访问压力大、传输延迟、通信环境不稳定和数据安全问题，在搭建数据库时采用分布式策略，即逻辑上的中心数据库由分布在不同区域的数据库组成，它们之间既可以通过实时通信交互数据，也可以设置若干个业务数据库。

2）系统总体架构。如图6-3所示，采用B/S（浏览器/服务器模式）设计结构，基于SOA理念设计开发水权交易系统，实现按照模块化的方式添加新服务或者更新现有服务，以解决新的业务需求。系统划分为门户接入层、业务平台层、应用支撑层、数据存储层和基础设施层等5个层次。

a. 基础设施层（基础环境支撑）。由一系列硬件设施组成，承载了交易系统的整体物理环境，包括各类主机服务器、存储设备、网络设备、路由设备、交换设备以及线路、UPS电源等。

b. 数据存储层（数据支撑）。为上层应用提供各类数据支撑，包括但不限

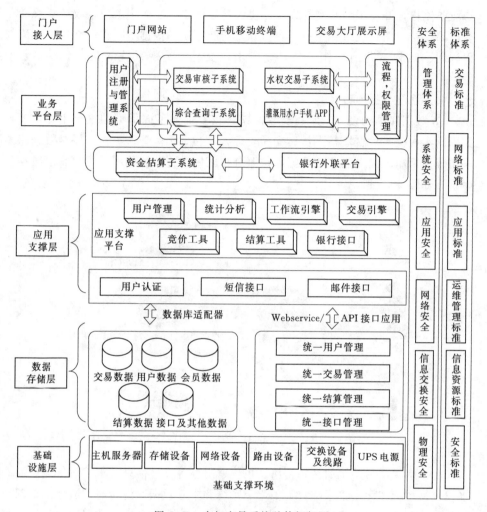

图6-3 水权交易系统总体框架图

于会员数据、用户数据、交易数据、运营数据、监管数据、统计分析数据、竞价数据等。数据由可用关系数据库、文件数据库、目录数据库、数据文件、数据包等管理存储。

通过建立多种数据库表，实现各种数据的分类存储，完成其他外部检索报告数据的导入、导出和行业报告相关数据的收集。

数据存储层为交易系统运行提供了全方位的数据支撑，根据数据类型不同系统引入了结构化数据库和非结构化数据库，满足系统对会员数据、用户数据、交易数据、运营数据、监管数据、统计分析数据、竞价数据等的数据存储需求。

系统根据业务类型将数据分类存储，满足大数据分析的数据存储结构，能够实现基于数据的统计分析功能。

数据存储层针对全局搜索进行了调优，并且支持授权的外部系统对系统实行全局检索和局部检索。

c. 应用支撑层（应用支撑平台）。系统包含了各种商用服务软件，是各项应用共用的基础服务构成层，如操作系统、数据库管理系统、各类中间件等系统软件，这部分软件一般都是较为成熟的、市场上可以购买的或免费开源的软件，包含 J2EE 运行环境、集成框架、报表管理、工作流引擎、交易引擎等。

d. 业务平台层（核心交易子系统）。业务平台层是这些通用系统软件的集成。水权交易系统建设基于多层次架构和组建技术进行构建，设计开发了可通用、可复用、标准化的模块，将常用模块开发成通用系统模块供核心业务系统调用，避免重复开发。水权交易系统业务平台层包括用户注册与管理、水权交易、资金结算、综合查询、交易审核、灌溉用水户水权交易手机 APP 等 6 个子系统。

e. 门户接入层（门户网站、APP 等）。可接入的终端包括门户网站、APP、微信、客户端等。也可实现未来与交易中心 LED 大屏的实时对接显示。

（a）安全体系。安全体系为网络层、应用支撑层、业务平台层和数据存储层提供统一的信息安全服务，包括边界防护、防入侵、漏洞扫描、病毒防治、用户身份认证、信息加密等安全措施。

（b）标准体系。交易系统是软件、数据库、网络、安全等多方面技术的综合应用体系，需要按照业务管理体制和技术的发展不断升级、更新，推行标准化体系管理十分必要。标准化有助于高效利用信息资源，实现网络无缝对接，确保各系统间互连、互通，保障信息安全可靠。

2. 水权交易信息化系统部署

（1）系统部署通用结构。系统部署一般包括中间件、数据库服务器安装调试，数据库软件安装，业务系统安装部署调试等。一般采用数据库、应用服务器和 Web 服务器三层部署模式，业务数据与应用服务器的分离提高了系统的安全性，同时也可在应用服务器层面通过负载均衡模式增加服务器数量，应对不断增加的访问量压力。水权交易系统网络拓扑结构如图 6-4 所示。

如图 6-4 所示，系统部署结构分为核心交换区、应用支撑区、业务系统区和数据中心区四部分。核心交换区主要功能是对外和对内各类型数据信息的互通枢纽；应用支撑区部署站点服务器，实现对外服务，保障访问效率；业务系统区部署核心业务系统的应用服务器和备份机，采用集群虚拟化技术实现服务器资源有效利用；数据中心区是各类型数据的存储中心，部署备份服务器，可对重要的业务系统和数据信息进行集中二次备份，采用双机热备方式保证数

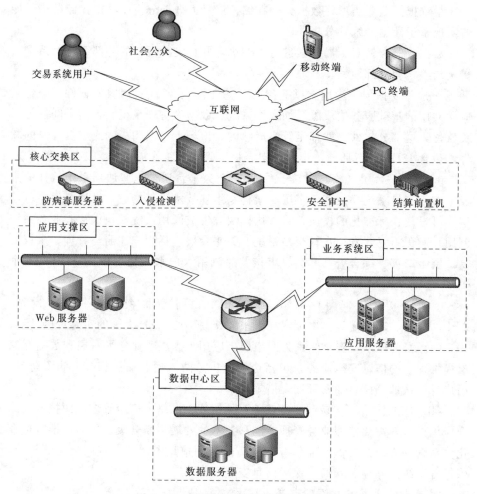

图 6-4　水权交易系统网络拓扑结构图

据稳定性和持续性。通过光纤交换机、防火墙与局域网进行快速、安全的数据交换。

（2）系统部署方案比选。系统部署包括机房自建、服务托管、云平台租赁三种模式。机房自建模式需采购硬件设备并建设机房，可实现一次建设长期使用的目标。需要人员进行日常维护和管理，每4～8年更换服务器，承担人员维护费和设备运行耗费；服务托管模式也需采购硬件设备及人员维护，但无需建设机房，仅租赁机柜、宽带即可，每4～8年更换服务器，承担人员维护费、设备运行耗费及租赁费；云平台是提供云端基础应用服务的平台，基础应用包括网络环境、服务器环境、应用操作系统、基础数据库服务等。云平台能够避免自建机房及网络环境的相关工作，投资少效益高，具有很好的稳定性和安全性保障。

（3）水权交易系统部署方案。内蒙古自治区水权交易潜力巨大，业务范围覆盖全自治区，未来交易需求量大，尤其是灌溉用水户水权交易，用户多，同时并发可能性高，同时，水权交易系统要求保密级别高，安全防护强，选择在云平台完成布设，既能够避免自建机房及网络环境的相关工作，以减少投资，同时又具有很好的稳定性和安全性保障。

1）云平台布设模式比选。云平台的搭建有三种方式：①基于开源的云平台技术，自采购服务器搭建平台；②采购商业化云平台软件搭建平台；③依托商业化云平台移植、部署应用。目前国内较为成熟的云平台服务商包括阿里云、腾讯云、华为企业云等。

前两种模式前期投入较大、工期较长、技术门槛较高，第三种模式前期投入较小、工期较短、技术门槛相对较低。水权交易具有时效性，如灌溉用水户水权交易，多发生在每年春灌、秋灌前后，具有流量使用年内分布不均，瞬时并发量大的特点，利用云平台可根据水权交易数量实现实时扩容，每次扩容的资源交付都是在分钟级就完成。选取"按量计费"模式，业务高峰结束后，可以释放掉不必要的资源，降低成本。

2）水权交易系统部署。以业务流程为核心，打造水权交易系统的数据基础设施和云支撑基础设施，形成统一的水权交易系统的云支撑平台，建立水权交易网上配套的工作机制，形成水权交易云业务体系。水权交易系统部署包括制定水权交易云标准体系、部署打造水权交易系统云支撑平台和部署网络安全及服务器环境三部分。

a. 制定水权交易云标准体系。建设水权交易云标准体系，主要包含总体通用标准体系、信息网络标准体系、云服务标准体系、应用标准体系、安全保障体系、管理规范体系，制定科学、符合长远发展的信息化发展规划，切实保障信息化建设发展统一有序。

为保障业务的可持续发展，建立了水权交易模式数据应用机制、跨平台交易机制、基于共享的信息采集工作机制、优化信息应用工作机制、信息化评估工作机制等五项水权交易业务交互机制，提高了水权交易系统的业务交互能力，实现了水权交易业务的稳步发展。

b. 部署打造水权交易系统云支撑平台。打造水权交易统一的云支撑平台，提供云计算应用的开发、管理、整合和应用，实现数据和业务系统的建设与完善，各地方水权交易项目建设不再需要经历需求分析、设计、施工、运行和维护等全过程，不用考虑应用实现的技术细节，由水权交易云平台提供技术支撑、运维服务和安全保障。为智慧应用提供云技术支撑体系，解决云计算的落地问题。同时，以总体业务融合和跨区域业务独立为切入点，对业务应用进行归并整合，打造面向全国的水权交易工作的一站式平台，初步形成大数据平台，实现水资源高效利用的总体目标。根据业务需求和硬件支撑，云平台优化硬件使用资源，在不间断运行的环境下对其实现动态扩展和分配，来应对水权交易尤其是面广量大的灌溉用水户水权交易业务的高并发、高数据吞吐量的业务环境下的高效运行。

c. 部署网络安全及服务器环境。如图6-5所示，根据水权交易系统建设的总体目标，交易系统基于阿里云布设，系统部署分为三部分，即应用服务器、Web服务器和数据服务器，由于现阶段业务的并发和数据吞吐压力较小，因此应用服务器功能和Web服务器功能部署在同一台服务器上。结合目前的用户登录及使用情况，目前共有4台服务器，包括北京2台主服务器，杭州2台备份服务器。

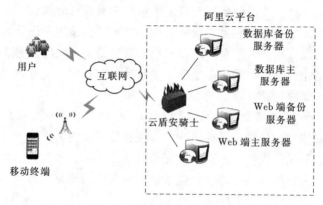

图6-5 水权交易系统网络拓扑结构概要示意图

主服务器提供桌面平台（PC端）、移动平台（APP端）的业务服务和数据库支持。由于部署在阿里云端，系统享有云服务器的BGP多线独享带宽，从各地访问系统都可以实现高速的网络运行速率，并且减少了硬件投入成本。服务器采用云盾、防火墙、安全组隔离、快照和故障自动修复等技术，完全防范了传统服务器为之诟病的DDoS攻击。

备份服务器是对主服务器的数据进行备份，且实时对应用服务器和数据服务器同步。如遇主服务器出现意外情况，系统可自动切换到灾备服务器，不影响PC端及APP端的用户使用。阿里云服务器提供24h服务，保证系统和数据的实时安全。

水权交易系统安全防护采用基于阿里云的安骑士网络安全产品。云盾安骑士共享阿里云安全漏洞运维能力，可覆盖高危Web漏洞、配置缺陷，系统30min完成全网高危漏洞修复。云盾安骑士支持RDP、SSH、FTP、MSSQL、MYSQL等应用的密码破解攻击防护，让黑客无法猜解密码，对异常登录行为进行告警提醒。云盾安骑士通过云端查杀引擎对可执行木马病毒文件、网站后门文件进行主动隔离，实时阻断黑客攻击行为。

3. 水权交易信息化交易流程

水权交易流程包括提交申请、资格审核、信息发布、撮合交易、协议签订、资金结算、交易鉴证等环节。通过用户注册与管理、水权交易、资金结算、综合查询、交易审核 5 个子系统，实现水权交易全部流程，如图 6 - 6 所示。

（1）用户注册与管理子系统。用户注册与管理子系统主要帮助用户提交申请，对提交申请的用户进行资格审核后，实现对用户的信息分类、信息发布等功能。

（2）水权交易子系统。水权交易子系统是水权交易的核心，包括交易申请、信息披露、交易撮合、交易管理等 4 个子模块。

1）交易申请。交易申请模块完成数据的采集、报送以及整合，实现水权交易申请的信息填报、资料上传、分类存储、信息统计查询等功能。

2）信息披露。信息披露模块分为买方挂牌列表和卖方挂牌列表两部分，实现水权供求信息的发布、查询和管理，建立信息互通流动平台，通过软硬件支持，保障信息实时、准确、完整、同步发布。

3）交易撮合。由于水权交易市场尚不活跃，且受制于水力联系等条件，系统撮合模块选用单向竞价模式，采用定期交易形式开展交易撮合。单向竞价交易是指一个买方（卖方）向市场提出申请，市场预先公告交易对象，多个卖方（买方）按照规定加价或者减价，在约定交易时间内达成一致并成交的交易方式。成交的时点是不连续的，在信息公告期间仅采集应牌方信息。挂牌期满后，水权交易系统根据应牌情况确定撮合方式。只产生一个符合条件的应牌方的，采取协议转让方式；产生两个及以上符合条件的应牌方的，待信息公告期满后，系统以时间优先、价格优先的方式自动匹配撮合，并将撮合结果推送挂牌方。挂牌方可以接受撮合结果也可采用单向竞价或者竞争性谈判方式进行二次竞拍。

选择二次竞拍的，系统将在设定的报价周期内，再次组织应牌方按照拍卖规则及竞价阶梯进行多轮次报价，报价期满后，系统按照"价格优先"原则撮合确定最终应牌方。

协议转让水权交易模式是目前内蒙古自治区水权交易实践中普遍采用的交易形式。协议转让的关键点在于水权交易过程中，多利益相关者在共同愿景基础上通过自愿的协作式互动，实现预期目标。

4）交易管理。交易管理模块由交易鉴证管理和归档管理两部分组成，负责生成、编码交易鉴证书和对已成交项目的相关过程文件和基本信息进行存储归档。

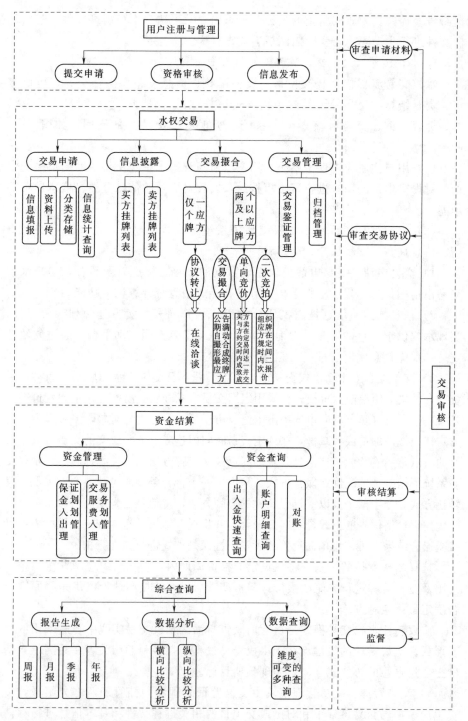

图 6-6　内蒙古自治区水权交易流程

（3）资金结算子系统。资金结算子系统由资金管理与资金查询两模块组成，资金管理负责保证金的划入划出管理与交易服务费划入管理，资金查询实现出入金快速查询、账户明细查询、对账等功能。

（4）综合查询子系统。依托业务系统数据，同时对接内蒙古自治区各盟市信息调度中心，通过统计分析系统完成数据的统计分析操作，包括周报、月报、季报、年报等报告的生成；基于数据的统计，进行横向或者纵向比较分析；按照项目有关属性，进行维度可变的多种查询等。

（5）交易审核子系统。交易审核子系统通过建立严格的审批流程规范水权交易行为，对水权交易全过程进行审核和监督。在用户注册与管理中，对用户申请材料做形式审查，化解进场风险。在水权交易过程中负责审查交易协议，确保协议的完备性和规范性，尽最大可能避免交易主体违约，化解法律风险。通过对资金核算过程收缴交易保证金、确认价款正常交割，化解资金风险。数据通过审批后方可进行下一步报送操作，审核不通过的数据会由相应级别审核员填写审核意见，自动返回上一级重新审核或退回交易申请人。

4. 水权交易移动信息化建设

灌溉用水户水权交易虽然交易水量较小，但面广量大，交易活跃度高。为便于广大灌区用水户能随时随地开展交易，设计开发了灌溉用水户水权交易手机 APP，打造手机版网上水商城，服务灌区用水户水权交易。

灌溉用水户水权交易撮合分成形成交易指导价与交易确认两阶段进行。

（1）形成交易指导价。系统以交易量最大为原则，通过多用户出价排序方式进行交易撮合，确定每周水权交易指导水价，如图 6-7 所示。

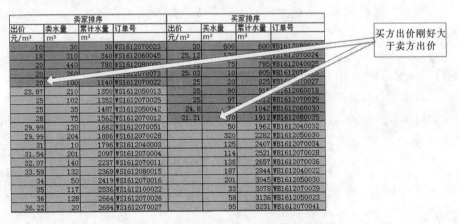

图 6-7　灌溉用水户水权交易撮合原理图

1）转让方、受让方排序。将同一灌区内在本轮挂单的所有转让方按其出价升序排列，即报价低的优先，再将所有受让方按其出价降序排列，即报价高的优先。当出现报价相同的转让方或受让方时，按照其挂单时间排列。

2）计算累计水量。分别计算本轮挂单的累计转让水量与受让水量。

3）确定交易成交点。在排序中，当受让方出价刚好大于转让方出价，且挂单列表中仍有购买需求或水量供给的时候，为交易成交点。图 6-7 深灰色部分为本轮次能够撮合成功的交易，表示该部分用水户能够将水卖出或买入；浅灰色部分为本轮次不能撮合成功的交易，表示该部分用水户水量无法买入或卖出。深灰色与浅灰色部分的分界线即为交易成交点。在交易成交点处，虽然需水量（1912m³）大于成交实际供水量（1140m³）且本轮挂单中仍有潜在水量供给，但由于潜在转让水量报价均大于潜在受让水量报价，从而导致部分挂单无法成交。

4）交易量最大化。本轮交易达成的最大可交易水量为 1140m³。图 6-8 中订单号为 WB1612080035 的受让方在本轮交易撮合中仍然存在 772m³ 的需水量未得到满足。

5）计算建议交易价格。将交易成交点处所对应的转让方和受让方报价的平均值（20.105 元/m³）定为本周水权交易指导价。

（2）交易确认。系统按照交易指导价为本轮挂单的买卖双方自动配对，成功配对的买卖双方需对系统确定的本轮次交易指导价给予确认，确认成功并完成交款交割后，交易成功，如图 6-8 所示。

（3）软件功能。手机终端与系统之间数据交换采用加密压缩机制，平台为用户提供数字证书，该证书用于终端与服务器的安全通信，并对用户进行身份认证，主要包括以下功能：

1）用户注册：通过手机注册，提交个人信息及水权证基本信息，获取交易账户。

2）个人中心：展示个人基本信息、账户基本信息，汇总当前水权信息，包括当年配水量、累计卖入量、累计买入量、累计使用量、当前可交易量等。

3）市场行情：浏览同一灌区内水量买卖信息、交易行情信息。

4）在线交易：实现手机客户端与交易系统对接，能够方便快捷挂单、应单，系统撮合后完成水权交易。

5）同时为未来接入网上银行、第三方支付预留接口。

（六）水权交易平台信息化操作细则

1. 水权交易系统注册与登录

如图 6-9 和图 6-10 所示，水权交易参与人在内蒙古自治区水权收储转让中心网站（http://www.nmgsqjyw.com/），通过"我的账户"入口进入水权交易系统注册并登录，根据水权交易业务要求，注册用户分为机构用户、

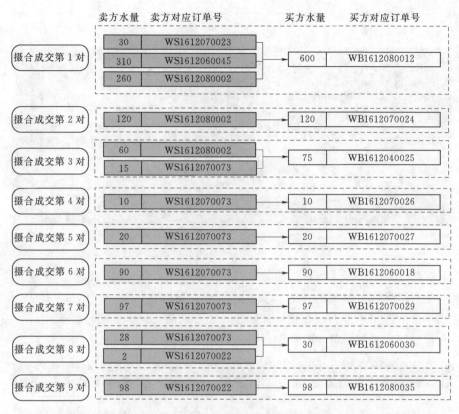

图 6-8　灌溉用水户水权交易撮合成功配对图（单位：m³/a）

图 6-9　内蒙古自治区水权收储转让中心门户网站

企业用户和个人用户（含农民用水者协会）。不同用户按照赋予的角色使用水权交易模块。

图 6 - 10　水权交易系统登录界面

　　如图 6 - 11 所示，用户注册除填写基本信息外，还需提供机构、企业、个人有关身份证件以保证用户的真实性，降低交易潜在风险。如图 6 - 12 所示，成功注册的用户还需设置专用结算账户，用于交易保证金、交易价款划转，中心在得到用户授权后可实时查询用户账户出入金信息。

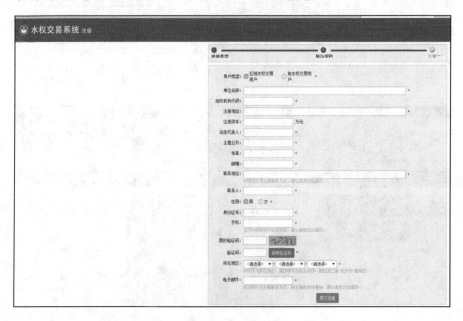

图 6 - 11　水权交易系统注册界面

2. 公开交易流程

　　公开交易是指水权交易用户采用挂牌公开征集意向，交易对象应牌后经系

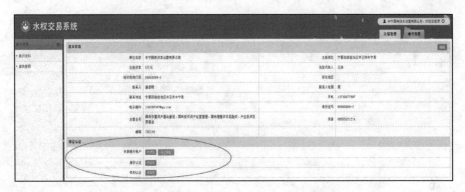

图6-12　水权交易系统账户设置界面

统撮合成交的一种交易方式。

（1）交易申请与挂牌。如图6-13～图6-15所示，挂牌方登录系统进行交易申请报送，明确交易标的、应牌方要求等基本信息，挂牌方为买方的，需向中心缴纳交易保证金。中心审核通过交易申请并确认保证金收到后，将交易标的信息自动推送到挂牌大厅。对于已到期的挂牌项目或触发其他摘牌条件时，系统对挂牌项目进行摘牌处理。

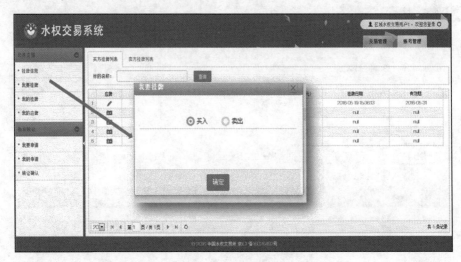

图6-13　公开交易类水权交易挂牌界面

（2）标的查询与应牌。应牌方可通过中心门户网站挂牌大厅浏览、查询挂牌标的基本信息，登录系统后可浏览标的详细情况和交易说明，并对意向标的进行应牌报价，如图6-16～图6-18所示。

（3）交易撮合。挂牌期满后，中心根据应牌情况确定撮合方式。只产生一个符合条件的应牌方的，采取协议定价方式；产生两个及以上符合条件的应牌

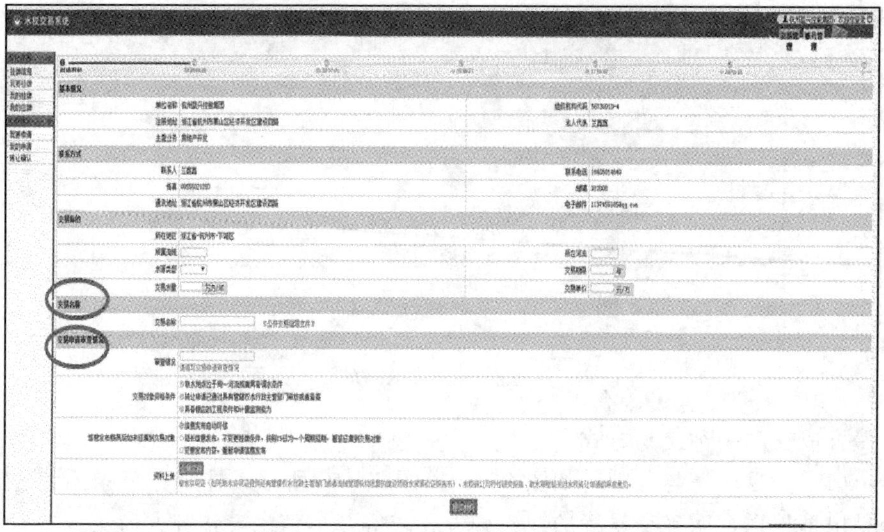

图 6 - 14　公开交易类水权交易申请界面

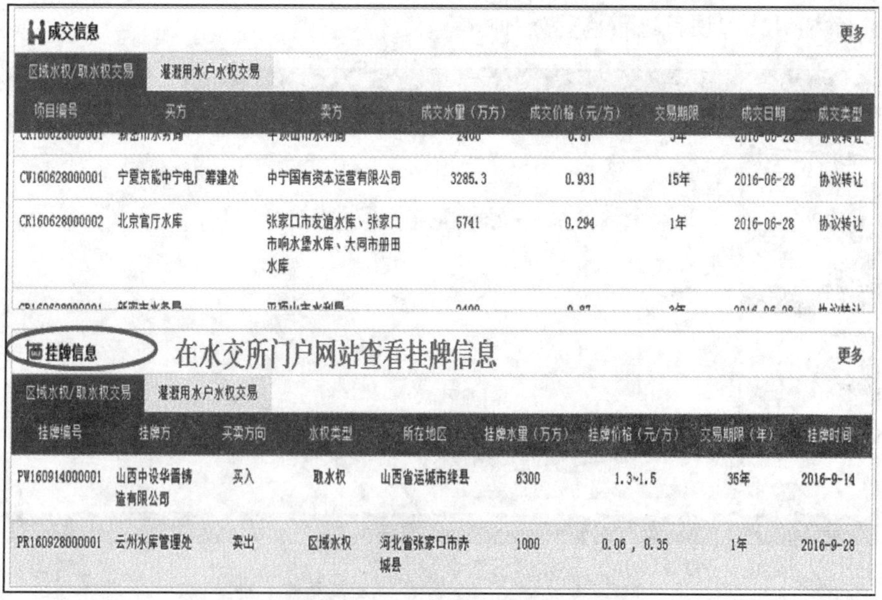

图 6 - 15　查看挂牌信息界面

方的，系统自动按照"价格优先"的原则将撮合结果推送挂牌方，挂牌方可以接受撮合结果也可采用单向竞价或者竞争性谈判方式进行二次竞拍，如图 6 - 19 所示。

图 6-16 公开交易类水权交易查看交易信息界面

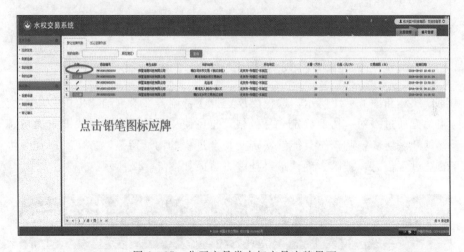

图 6-17 公开交易类水权交易应牌界面

图 6-18 公开交易类水权交易应牌申请界面

图 6-19　信息公告期满后挂牌方选择撮合模式页面截图

如图 6-20 和图 6-21 所示，选择协议定价或者竞争性谈判的，由中心组织交易相关方通过一对一协商确定交易价格，也可使用系统提供的在线即时通信聊天工具开展协商，聊天工具能够实现交易全过程的沟通留痕，方便用户查阅协商的全过程信息。挂牌方确认最终挂牌方页面如图 6-22 所示。

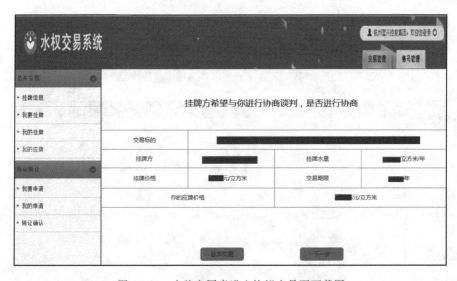

图 6-20　应牌方同意进入协议交易页面截图

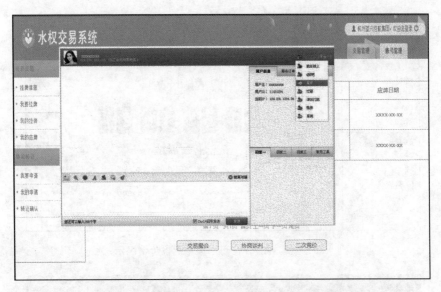

图 6-21 协议定价模式下线上聊天室页面截图

图 6-22 挂牌方确认最终挂牌方页面截图

如图 6-23~图 6-25 所示，选择二次竞拍的，系统将在设定的报价周期内，再次组织应牌方按照拍卖规则及竞价阶梯进行多轮次报价，报价期满后，系统按照"价格优先""时间优先"原则撮合确定最终应牌方。

（4）结算与鉴证。中心组织交易双方签订交易协议，交易双方完成交易服务费缴纳和交易价款划转后，向其出具交易鉴证书作为水权核验变更依据，如图 6-26~图 6-28 所示。

173

图 6-23 挂牌方实时查阅二次竞价报价情况示意图

图 6-24 应牌方二次竞价示意图

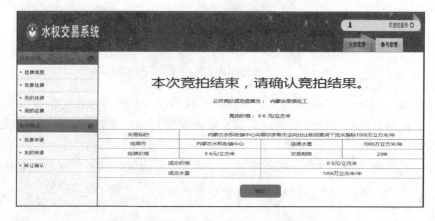

图 6-25 经系统撮合遴选的最终应牌方示意图

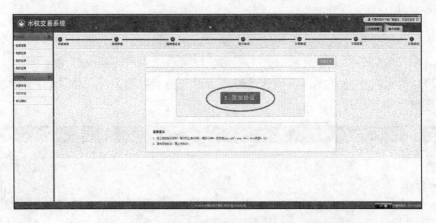

图 6-26　公开交易类水权交易上传协议界面

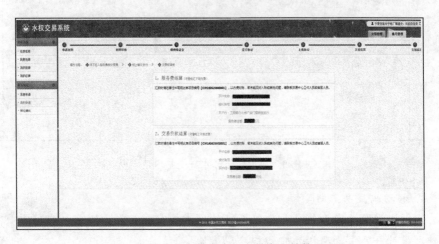

图 6-27　公开交易类水权交易资金结算界面

图 6-28　公开交易类水权交易出具鉴证书页面

3. 协议转让流程

协议转让是交易双方在场外就交易事项达成初步意向，通过交易平台签署交易协议的交易方式。交易双方完成系统注册后，由买方提交交易申请，经卖方确认后提交中心审核。审核通过后，组织交易双方签署交易协议，完成交易结算、出具鉴证等工作，如图 6-29 所示。

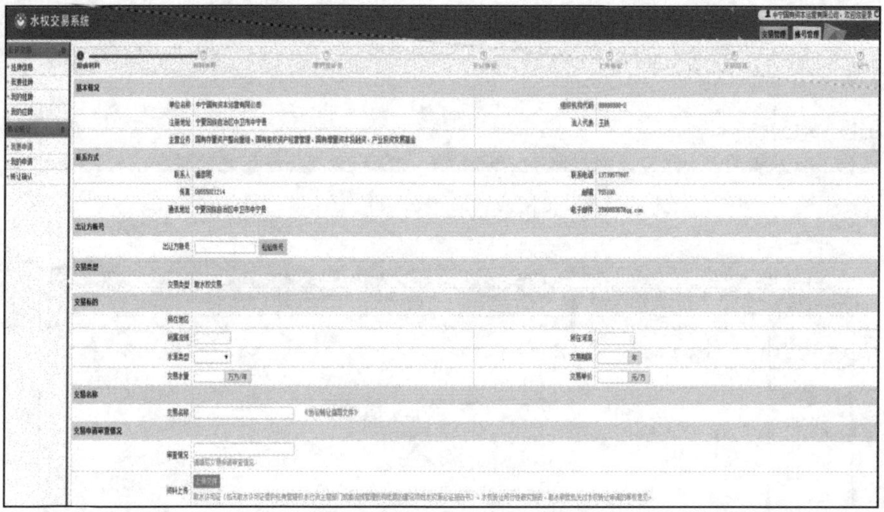

图 6-29　协议转让类水权交易申请界面

4. 移动端交易流程

为促进灌区水资源优化配置，活跃地区水权交易市场，以公开交易方式为基础，设计开发了灌溉用水户水权交易模块。

水权交易 APP 是我国首个适用于农业水权交易的手机 APP，经过水权确权获得水权证的农业用水户或者农民用水户协会等各类交易主体可通过"微信扫码下载→手机号注册→用户信息完善→挂单交易"四步操作完成交易，并通过水权交易系统结算功能实现在线资金划转，交易流程简单快捷。水权交易 APP 创新性地借鉴证券开盘价形成机制，以灌区为单元，采取用水户双向挂单方式与系统定期匹配模式达成水权交易，为农业水权交易提供了便捷、高效的实现途径。交易流程较公开交易大大简化，具体分为提交申请、交易审核、信息公告、集中撮合、交易结算等 5 个环节。

用水户通过手机移动客户端开展交易，注册成功后登录水权交易系统浏览同一灌区内水量买卖信息。每周一至周四，登录水权交易系统填写买卖水量基本信息后，经审核通过即可实现挂单。每周五系统通过多用户出价排序方式确定交易水价，对同一灌区内具备水权交易条件的挂单进行交易撮合。

撮合成功后，买方将交易资金（包含单方服务费和交易价款）汇入中心专用结算账户，确认后扣除卖方服务费，并将剩余交易价款汇入卖方账户，同时向买卖双方出具交易凭证完成水权交易。

　　相关 APP 界面如图 6-30～图 6-38 所示。

图 6-30　用户注册展示界面

图 6-31　用户资料展示界面

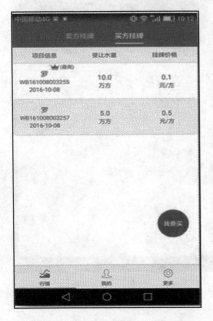

图 6-32　交易行情界面

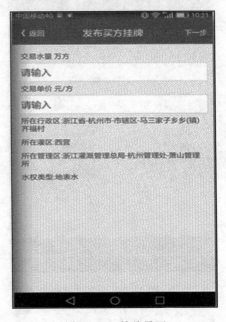

图 6-33　挂牌界面

图 6-34　挂单成功界面

图 6-35　撮合成交界面

图 6-36　确认交易界面

图 6-37　交易摘要

图 6 - 38 交易成功界面

第七章　内蒙古黄河流域水权交易发展对策

一、水权交易现状研判

（一）已有经验

1. 通过构建水权交易制度体系奠定水权交易基础

内蒙古自治区在国家水权制度建设无先例借鉴的情况下，结合区情水情和自治区盟市内黄河干流水权转让的经验，出台了《内蒙古自治区盟市间黄河干流水权转让试点实施意见》，不仅对盟市间水权转让的原则、总体目标、实施主体、责任分工等予以规定，还规定了收回水权转让指标的情形，保证了试点工作的顺利开展。此后，陆续出台了《内蒙古自治区闲置取用水指标处置实施办法》《内蒙古自治区水权交易管理办法》《内蒙古自治区水权交易规则》等管理办法和配套实施细则。这一系列制度和规范性文件的出台，构建起内蒙古自治区水权交易制度体系，从而为水权交易的顺利开展奠定了坚实基础，是我国水权制度的重要组成部分。

2. 通过明确水权交易价格初步建立水权交易价格形成机制

根据黄委批复的《内蒙古黄河干流水权盟市间转让河套灌区沈乌灌域试点工程可行性研究报告》和《内蒙古自治区水利厅关于〈内蒙古黄河干流水权盟市间转让试点工程初步设计报告〉的批复》，按照计算公式：水权转换总费用/（水权转换期限×年转换量），确定水权转让价格为 1.03 元/（$m^3 \cdot a$），同时根据一期试点工程的实际情况，经水权中心、河灌总局、用水企业三方协商，明确了水权交易费用支付方式。通过明确水权交易价格和费用支付方式，初步建立内蒙古特色的水权交易价格形成机制，保障了试点期内水权交易公开公正并规范有序进行。

3. 通过建立闲置取用水指标处置机制有效盘活存量水资源

内蒙古自治区先后两次收回了 0.2 亿 m^3 和 0.415 亿 m^3 的闲置取用水指标，并通过水权交易平台进行市场化交易，从而促进水资源集约高效利用，有效处置和利用闲置取用水指标。闲置取用水指标的处置程序分三步进行：①水权中心依据有关文件解除水权合同；②自治区水利厅按照《内蒙古自治区闲置取用水指标处置实施办法》，收回闲置取用水指标；③通过水权交易平台进行再交易，其中 0.2 亿 m^3 的闲置取用水指标通过中国水权交易所进行公开交易，0.415 亿 m³ 的闲置取用水指标通过水权中心进行协议转让。

4. 通过完善水权收储转让平台实现内蒙古自治区水权转让市场化运作

经内蒙古自治区人民政府主席办公会批准，由内蒙古水务投资集团有限公司牵头组建内蒙古自治区水权收储转让中心有限公司，作为自治区水权收储转让的交易平台，成为全国第一家省级水权交易平台，标志着内蒙古自治区水权转让工作开始步入市场化运作阶段。水权中心成立后，积极发挥其在水权收储和水权交易方面的作用，先后与内蒙古河套灌区管理总局、水权受让企业签订三方合同，在促成跨盟市水权交易和处置闲置取用水指标方面发挥了重要作用。几年来，水权中心健全完善了企业法人治理结构，建立了水权交易大厅，开通了水权中心官网，与中国水权交易所达成战略合作伙伴关系，逐步迈入规范化运作轨道。

（二）存在问题

1. 盟市间水权转让对出让方的利益补偿机制有待建立

内蒙古自治区在盟市间水权转让探索过程中，考虑到转让地区巴彦淖尔市河套灌区因供水减少客观上造成了内蒙古河套灌区管理总局水费收入明显降低，而受让地区因企业用水增多将明显增加水资源税征收，这有失区域间公平，也不利于水权转让的开展。以当前开展的水权转让为例，巴彦淖尔市向其他盟市转让 1.2 亿 m³ 的水指标，按照 0.1 元/m³ 的农业水价计算，每年约减少水费收入 1200 万元；而转出的水指标属于工业用水，按照 0.5 元/m³ 的水资源税征收标准，转入这些水指标的盟市每年可新增收水资源税 0.6 亿元。按照公平原则，也为了发挥水权转让的激励作用，应从受让方征收的水资源税中提取一定比例补偿出让方，专项用于水资源的节约、保护和管理，但由于缺乏上位法支撑，尚未得到落实。

2. 内蒙古黄河流域水权交易制度还需进一步完善

在实践需求的推动下，内蒙古自治区从初步建立到进一步演化完善，基本形成了涵盖水权确权、水权交易、水权监管的水权制度体系，较好适应了过去以及当前盟市内、盟市间水权交易和闲置取用水指标交易的实践需求，为地区水权交易的广泛开展和水市场的持续活跃提供了有力的制度支撑。同时，一些制度设计还存在不足，需要进一步改进，也还存在着一些制度空白。

（1）有些制度存在不足、需要改进。从长远角度看，为进一步发挥市场在资源配置中的决定性作用，从农业向工业的水权交易制度体系中的一些环节还需要改进和完善。在水权交易主体确认环节，需探索通过市场机制选择交易主体，细化对多类型水权交易主体的条件和审核程序的规定；在可交易水权确认环节，需进一步完善可交易水权确认制度，扩大可交易水权的范围；在依托交易平台开展交易环节，需完善交易平台运作制度，明确平台定位，拓展平台业务范围和功能；在水权交易定价环节，需明确第三方和公共利益补偿成本计入价格的计算方法，研究探索多类型水权交易价格形成机制；在交易监管方面，需进一步健全水资源用途管制制度，完善针对交易准入、平台和资金等重要水市场要素的监管制度；在对第三方和公共利益补偿环节，需准确界定第三方范围，细化利益影响的评价机制和利益补偿制度。

（2）有的方面存在空白、需要新建制度。与水利部《水权交易管理暂行办法》相比，内蒙古自治区现有水权交易制度设计中缺乏对灌溉用水户之间水权交易、区域间水权交易的规定，需进一步研究制定。对再生水水权交易、跨区域引调水水权交易等在《内蒙古自治区水权交易管理办法》中已明确可开展但尚未细化制度规范的，应从水权交易的主体认定、可交易水权确认、交易平台、交易程序、交易价格、交易期限、交易监管、第三方及公共利益影响与补偿等方面进行制度设计，构建制度体系。对于《内蒙古自治区闲置取用水指标处置实施办法》已提及但未细化的水权收储制度，需进一步补充完善包括水权收储的主体与客体的认定、收储资金的来源及使用、收储的必要性及用途、开展收储的程序等制度内容。

3. 试点区域灌溉面积逐年扩大，急需遏制

试点工程的建设完成，极大地改善了试点区域农业生产条件，提高了用水效率，但灌域范围内大规模开荒现象突出。2016 年与 2012 年相比，扩耕面积近 20 万亩，其中引黄面积 15 万亩；2018 年的规模更大。如果灌域内的新开耕地行为不加以遏制，将增加引黄用水的绝对耗用量，从而超过 3.06 亿 m^3 的刚性约束，将导致试点的节水压超转让目标难以完全实现。2018 年，沈乌灌域的引水节水量与规划目标相比缺口近 7000 万 m^3，该规模水量应该可以节约下来，但实际却被新开垦的 15 万亩引黄耕地所耗用。因此，为确保试点任务的全面可持续完成，当地政府应采取一切必要措施，坚决遏制灌域内新开耕地行为。

当地政府应认真贯彻中央新时期治水思路，切实把"节水优先"落在实处，严格执行以水定需、以水定规模、以水定发展。根据试点批复目标，试点工程发挥效益，实现节水压超转让后，3.06 亿 m^3 的黄河水许可指标是沈乌灌域引黄用水的红线，当地农业生产的发展应以该红线为刚性约束，切实按照这条红线确定灌溉规模。

二、水权交易发展趋势

内蒙古自治区自从开展水权交易以来，始终贯彻政府、市场两手发力的核心理念。由于传统以行政配置为主的水资源管理模式无法有效提高水资源的利

用效率和效益，因此必须积极引入市场要素进入水权市场。在陆续出台了《内蒙古自治区水权交易管理办法》《内蒙古自治区水权交易规则》等管理办法和配套实施细则以来，内蒙古自治区水权交易制度体系逐渐成形，更是为盟市间水权交易的顺利开展奠定了坚实基础。通过水权交易平台进行市场化交易，促进了水资源集约高效利用，更加有效地处置和利用闲置取用水指标，最终提高全区水资源配置效率。因此，为进一步缓解内蒙古自治区水资源供需矛盾，拓展水权交易市场，急需以着力持续推进水权交易制度建设，着力加快水权交易平台信息化建设，着力发挥政府、市场两手发力作用三大交易趋势为工作重点，深化内蒙古自治区水权交易制度改革，使水权交易朝着更加精细化、信息化的方向发展。

（一）水权交易制度建设是基础

随着内蒙古自治区经济社会的不断发展，水权交易的广度和深度同向增大，对水资源确权工作提出了更高层次的需求，急需进一步推进水资源确权，为现实开展水权交易和相应的监管工作提供支撑，增强可操作性。水权交易市场主体准入机制、定价机制、第三方影响评价机制等尚未建立，可交易水权的评估认定尚缺乏具体规定，相关规则不健全。计量监控尤其是农业用水计量监控基础较差，难以为水权确权、交易和监管提供全面有效支撑。随着内蒙古自治区水权交易实践的不断探索，水资源的需求不断加大，内蒙古黄河流域的水权交易类型也不再仅仅满足于盟市内或盟市间的工农业用水交易以及闲置取用水指标的交易，新的交易类型如潜在取用水户间的交易、再生水水权的交易等必将会不断增加。急需建立一系列水权交易的制度以适应水权交易实践需要，完善水权交易规则，规范水权交易行为。面向国家水安全、经济安全、粮食安全、能源安全需求，针对内蒙古自治区水资源、能源、粮食纽带关系，急需推进水权交易的市场化建设，考虑疏干水、城市中水、企业节水等节水潜力来源，进一步拓展交易主体与交易品种，规范交易标准，构建以水为媒的水—能源—粮食协调关系，保障内蒙古自治区水资源可持续高效利用。

（二）水权交易平台建设是关键

为使内蒙古黄河流域水权交易顺利、高效地开展，亟待提升内蒙古自治区沿黄盟市信息服务能力，全面推进水权交易智慧平台建设。推进水治理体系和治理能力现代化，积极拓展信息服务能力，是提升水权交易行政效率、改进水权交易方式和创新水权交易流程的必然趋势。水权中心应在水权交易过程中充分完善信息收集、信息传递、信息交换和水权收储等功能，为打造一个功能完善、富有特色的信息化平台而努力。信息化管理可以使水权交易更加快捷、安全、有序地进行，还能加强水权交易平台的服务能力，形成线上线下相融合的公共服务模式。水权交易平台应当积极开发相应的软件和程序，不断为用户推广信息化服务，便于取用水户随时随地开展水权交易。将平台建立为内蒙古自治区水资源管理改革的业务支撑单位，进一步拓展水权交易平台的收储功能，充分发挥水权交易平台的交易功能和信息服务能力。以水权交易价值链为核心，形成从工程管理到水权确权，从交易转让再到使用监管的全流程信息化管理，全面推进水权交易智慧平台建设。水权交易平台应规划开发相应软件和程序，提升信息服务能力，提升水权交易的实时性。以业务流程为核心，打造水权交易系统的数据基础设施和云支撑基础设施，形成统一的水权交易系统的云支撑平台，建立水权交易网上配套工作机制，形成水权交易云业务体系。

（三）政府、市场两手发力是方向

内蒙古黄河流域以政府主导的方式开展了大量水权交易探索性实践。政府的功能主要是界定水权，进行区域水权和用水户水权的分配。这一过程完成后，政府的主要功能转向水权交易规则的制订和执行，并进而转向水权纠纷的仲裁。水权交易市场离不开政府，但供求、价格、竞争等市场机制尚未发挥其应有的作用，水权交易市场尚未真正形成。买方从市场购买水权的主观意愿不强，卖方存在惜售心理，水权交易数量总体较少、交易不活跃。从整体上来看，我国水权交易市场总体上处于起步阶段。但随着水权交易市场的逐步完善，政府的功能呈现弱化趋势。所以，政府既要防止在水权探索初期监管的"缺位"，又要防止水权实践后期的"越位"，在不同级别的水权交易市场中，政府的角色及作用也应随之变化。因此，要适当适时地发挥政府的推动作用，促进水权交易的有效开展。重点提升市场配置资源能力，构建水权交易市场定价新模式，以招拍挂转让为基本形式、以市场决定价格为核心的定价机制是内蒙古黄河流域水权交易定价的市场化发展方向。市场在水权交易中应发挥的主导作用还不明显，需要有意识地培育水权交易市场中的买方和卖方，进一步优化水权交易市场环境，强化水权交易资金保障，帮助企业完成前期投入。引导有潜在需要的地区、工业企业或社会资本参与水权收储交易的过程，提高水权交易市场的认知度和参与度。通过市场之手盘活水资源存量，提高水资源的利用效率和效益。政府、市场两手发力，形成水资源—能源—粮食大系统的优化治理模式，促进水资源优化配置和高效利用，保障内蒙古自治区可持续发展。

三、发展定位和重点

（一）发展定位

1. 践行新时期水利工作方针的具体体现

新时期水利工作方针为加快水权交易制度建设提供了科学指南和根本依

据。水权交易制度建设通过两方面加强了水资源管理：①通过政府之手严控用水总量，加强水资源用途管制；②通过市场之手盘活水资源存量，提高水资源的利用效率和效益。通过政府宏观调控与市场机制调节两手发力，运用经济手段，促进了水资源的节约保护、优化配置和高效利用，是践行新时期水利工作方针的具体体现。

2. 实现水资源优化配置的重要经济手段

水资源优化配置是实现水资源合理开发利用的基础，是水资源可持续利用的根本保证。不同用水主体的用水类型、用水量、用水效率、用水效益不尽相同，所以在取得水资源使用权的基础上，用水主体才可以进行水权交易。水权交易制度建设中的闲置取用水指标转让机制对缓解地区取用水指标供需矛盾，实现水资源合理配置、高效利用和有效保护具有重要作用和意义。水权交易制度建设促进了水资源从低效益的用途向高效益的用途转移，提高了水资源的利用效率和效益，是实现水资源优化配置的重要经济手段。

3. 水资源管理理念的重大创新

新中国成立后，工程水利曾长期是我国治水管水的主要思路。随着我国水利改革的不断深化，治水管水思路正在从工程水利加快向资源水利转型。资源水利是以实现水资源的可持续利用为目标，以加强水资源管理为手段，注重制度建设和体制机制创新，强调资源的重要性和市场的配置作用。在水资源管理制度改革中引入水权交易制度，能够实现政府宏观调控与市场机制调节的有机结合，实现严控水资源总量与盘活水资源存量的相辅相成，实现稀缺的水资源作为基础性自然资源（公共属性）与战略性经济资源（经济属性）的对立统一，为有效解决水资源短缺提供了支撑。水权交易制度建设体现了水资源管理理念由工程水利向资源水利的转变，是水资源管理理念的重大创新。

4. 实现水资源管理的重要手段

在计划经济时代，我国的水资源管理长期依靠单一政府行政化手段进行管理。我国社会主义市场经济体制确立后，单一行政化的水资源管理手段已不能适应市场经济发展的需要，急需进行适应社会历史发展阶段的改革。水权交易制度建设为水权交易的开展提供基础的政策支持，运用经济手段对水资源进行优化配置，实现了水资源的准商品化，通过价格机制可以反映水资源的稀缺程度，通过价格杠杆可以撬动水资源使用主体的节约意识，是实现水资源管理的重要手段。

5. 建设节水型社会的重要支撑

节水型社会是我国经济社会发展中一项长期坚持的基本政策。新时期水利工作方针的提出更加突出了节水型社会建设的重要性，同时也为在市场经济条件下建设节水型社会指明了方向。建设节水型社会必须依靠政府和市场两手发力，发挥市场机制作用，通过建立以水权水市场理论和水权交易制度为重要支撑的水资源管理新体制，形成更有效的以经济手段调节的节水机制，不断提高水资源利用效率，并最终建立起政府调控、市场调节、全民参与的节水型社会管理体制，是节水型社会建设的必由之路。水权交易制度建设是建设节水型社会的重要支撑。

（二）发展重点

1. 水安全保障战略

水安全是新时期下内蒙古自治区水利改革的新方向和新思路，水权交易的开展是水安全保障战略的重要一环。内蒙古自治区政府应当深入践行"节水优先、空间均衡、系统治理、两手发力"的新时期治水思路，紧扣满足人民日益增长的美好生活需要，突出抓重点、补短板、强弱项，围绕节约水资源、保护水环境、改善水生态、防治水灾害，着力解决全区水利发展不平衡不充分的突出问题，加快构建与全面建成小康社会相适应的水安全保障体系，更好更快地开展水权交易配套工程措施工程的建设，努力开创新时代内蒙古自治区水利改革发展新局面。建立健全内蒙古自治区水安全保障战略，要做到以下几点：

（1）围绕水权交易配套工程措施，加快水利网建设，提升水安全支撑保障能力。牢牢把握内蒙古自治区总体发展战略，顺应"五化"协同发展要求，以深化供给侧结构性改革为主线，立足服务新一轮东北振兴、呼包鄂协同发展等区域发展战略，聚焦贫困地区，补强水利薄弱环节。全力实施水利网建设规划（2016—2020 年），加快建设一批节水、供水、调水重大水利工程，完善全区水利基础设施网络，充分发挥水利建设的投资拉动作用、经济支撑功能和生态环境效应。

（2）以水权交易促进农业节水，落实乡村振兴战略，加强农牧水利建设，助推农牧业和农村牧区现代化。围绕"十三五"新增 1230 万亩高效节水灌溉面积目标，大力推进精准高效节水灌溉，加大大中型灌区续建配套与节水改造力度，统筹推进田间渠系配套和用水计量设施建设，抓好西北节水增效、小型农田水利重点县和牧区节水灌溉示范项目。

（3）以水权交易的生态保护措施统筹推进城乡水生态文明建设，筑牢北方生态安全屏障。牢固树立绿水青山就是金山银山的意识，积极践行人与自然和谐共生理念，按照节水优先、保护优先、自然恢复为主的要求，强化山水林田湖草沙整体保护、系统修复、综合治理，推动形成有利于水资源节约保护的空间格局、产业结构、生产方式、生活方式。深入落实最严格水资源管理制度，切实强化"三条红线"刚性约束。全面推进水资源节约和循环利用，强化水资源消耗总量强度双控和用途管制，积极落实国家节水行动，以农牧业节水为主攻方向，切实把节水贯穿于经济社会发展和群众生产生活全过程。

（4）以水权交易信息化平台为基础，开展智慧水利大数据应用项目，从传统水利向现代水利转变。依托信息技术，提升水利治理体系和治理能力现代化质量，通过智慧水利大数据应用助推新常态下内蒙古自治区经济社会可持续发展。

2. 水权交易市场拓展战略

（1）进一步扩大水权交易探索的深度。以农业向工业水权交易为重点，充分总结已开展的盟市内、盟市间和闲置取用水指标交易的经验和问题，在深入研究的基础上，进一步完善包括价格形成、交易监管、第三方影响和利益补偿等环节的制度，推动农业向工业水权交易更加科学、规范、高效。

根据《水权交易管理暂行办法》（水政法〔2017〕156 号）的规定，按照水资源使用权确权类型、交易主体和程序，将水权交易分为区域水权交易、取水权交易、灌溉用水户水权交易三大类型。其中，区域水权交易的主体均为地方人民政府或者其授权的部门、单位；取水权交易是法律法规明确规定的水权交易类型，也有取水许可证这一具有法律效力的载体作为交易依据，是实践中最为活跃的交易类型；灌溉用水户水权交易则主要指灌区内部用水户或者用水户组成的组织等不办理取水许可证但实际用水的主体之间的交易。

（2）进一步扩大水权交易探索的广度。可采取试点的方式，探索推进企业节水的交易，再生水等非常规水资源的收储和交易。在条件具备的地方，积极探索开展以跨区域引调水工程为条件的区域水权交易，形成多层次、多形式的交易体系。

针对国家级和省级平台开展的水权交易类型以区域水权交易、取水权交易为主，交易类型较为单一的现状，建议结合地区实际，一是可以进一步探索水权回购、合同节水量水权交易、城市供水管网内水权交易等交易类型；二是可以围绕地下水超采区治理、流域水生态补偿、再生水利用等解决水资源短缺的工作，有针对性地开展水权交易方案设计，找准运用水权市场机制的突破口与发力点，明确自身能够发挥的作用和优势，进而拓展新的水权业务。

随着水权交易的不断推行，对政府配置新增取水权提出了新要求。为了避免出现有的工业企业需要通过市场交易有偿取得水权，而有的却可以通过向政府申请取水许可无偿取得水权的不公平现象，必然要求政府在审批新增取水许可环节引入市场机制，实现在同地区同类型新增取水权都通过有偿方式取得。从水权交易市场看，能否试行政府有偿出让取水权，避免同一地区出现取水权配置的"双轨制"，也是市场培育的关键所在。与区域间水量交易、取水权交易、用水权交易都属于二级市场不同，政府有偿出让取水权属于一级市场，共同构成水权交易市场体系。从可交易水权看，政府可有偿出让取水权的范围包括尚未配置的取水权或收回的闲置取水权，以及通过投资节水、回购等方式收储的取水权等。今后伴随着相关探索性实践的深入和配套制度的完善，政府可有偿出让取水权的范围或将逐步扩大。

3. 水权交易法治战略

伴随着水权交易的逐步推进，需要稳步推进水权交易市场法规建设，为水权交易提供法规依据。

（1）加强自治区层面法规建设。以《内蒙古自治区闲置取用水指标处置办法（试行）》《内蒙古自治区水权交易管理办法》为核心，加大对水权交易各环节的政策规范力度，进一步构建支撑内蒙古自治区水权交易的法规体系。针对再生水水权交易、区域水权交易等具有较大市场潜力的水权交易类型，适时研究出台政府规章进行规范。

（2）研究制定水权交易管理办法，建议在《取水许可和水资源费征收管理条例》规定的取水权转让类型基础上，总结各地水权交易探索和经验，研究制定能够涵盖多种类型的水权交易管理办法，明确可交易水权的范围和类型、交易主体和期限、交易价格形成机制、交易平台运作规则等。

（3）积极推动上位法增补完善。推动水利部出台水权收储方面的制度办法，指导各地根据水权交易需求，因地制宜建立水权收储机制。

四、对策建议

（一）着力建立健全水资源确权制度

水资源确权是开展水权交易相关工作的前提，通过制定和完善相应制度，对不同类型水资源的水权使用者、水量、年限等权利和义务进行确认，进而为开展水权交易和监管奠定基础，为进一步拓展水权交易的广度和深度增强可操作性。根据地区用水需求确定水资源确权的细化程度，明确水资源使用用途，对取用水户进行严格规范的用途管制，防止农业、生态和居民生活用水被挤占。

根据水权交易的不同需求，要开展不同类型的水资源确权，具体来看：①内蒙古自治区各盟市灌区水管单位应增强对节约水量的评估认定精度，在国家水资源监控系统建设的基础上，进一步加快对水资源使用权确权登记试点地区的用水计量、水资源监控体系的投入，真正将水资源使用权确权登记工作落到实处，并为水权交易工作打好基础；②自治水利厅应将区域用水总量控制指标向下逐级分解，确认区域取用水总量和所能享有的部分所有权人权益，为在更大范围内开展区域间水权交易提供依据；③自治区水利厅和水权中心应共同探索对通过水权交易有偿取得的取水权进行确认，对于取得取水许可证的企业在进一步核算取水许可水量的基础上进行确权，对于没有取得取水许可证的用水企业在补充水资源论证报告的基础上进行确权，并允许其出现减产、转产或破产等情形时开展取水权再交易；④自治区水利厅应进一步根据灌区用水需求，明确水权确权到农村集体经济组织或个人，如果农村集体经济组织或个人发生用水行为与用水权证书中规定的不一致，水行政主管部门应当依法对其转变为取水许可管理，在对水资源环境造成损害的情况下，应当依法对责任主体追究法律责任；⑤自治区水利厅应严格按照国家产业政策要求，坚持传统与非传统水源开发相结合的原则，增加对疏干水、城市中水、企业节水等不同类型的常规水、非常规水的水权核定，合理有序使用地表水，严格控制使用地下水，将非常规水源纳入区域水资源统一配置，减少水资源消耗，扩展水权交易的广度和深度。

（二）着力优化水权交易市场定价机制

定价机制是水权交易市场改革的重中之重，是水权交易市场化的关键举措，由水权中心会同内蒙古自治区发展和改革委员会指导建立。不同类型的水权交易，其交易价格的确定应当有所不同。

（1）对于区域间水量交易，应依据区域用水总量控制指标或分水指标开展临时或一定期限的水量转让，应当实行协商定价，由区域之间协商确定水量转让价格。

（2）对于取用水户水权交易的价格，应当区分一级市场或二级市场，分别进行确定。政府有偿出让水资源使用权作为一级市场，体现了水资源的稀缺性，应当实行政府定价，出让标准由当地价格、财政、水利部门根据当地水资源稀缺程度、供求关系、经济发展水平等因素确定。取水权交易作为二级市场，是建立节水激励机制和优化一级市场分配效率的有效手段，又分两种情况：一种是对依据《取水许可和水资源费征收管理条例》规定转让节约的水资源的，实行政府指导价或政府定价，交易价格主要应当考虑采取节水措施的成本和有关的费用，如节水工程建设费、工程运行维护费、更新改造费等；另一种是工业企业有偿取得的水资源使用权交易，可以实行政府指导价，交易价格在综合考虑交易成本、合理收益、税收等因素后确定。

深化水权领域的"放管服"改革，充分发挥政府对水权这一准公共物品的管理优势，进一步提升市场在水权定价中的主导作用，采用招标、拍卖、挂牌（以下简称"招拍挂"）定价模式逐步完善传统的协商定价模式，实现以市场供需现状决定水资源合理配置的水权交易市场定价模式。

1. "招拍挂"市场定价模式

随着市场机制的日益巩固和完善，市场的调节效用在水权交易定价过程越来越明显。内蒙古自治区水权交易也应加快改革步伐，未来将发展为以"招拍挂"为基本模式、以市场为主导的水权交易定价模式，以市场需求决定水资源合理配置的水权交易市场定价模式。

（1）招标转让。招标转让水权是指水权中心发布招标公告，邀请特定或者不特定的企业参加水权转让投标，根据投标结果确定水资源使用权人的行为。招标方式分为公开招标和邀请招标两种形式。水权招标过程包括招标、投标和评标三个基本环节。一般来说招标不是以获取最高转让金为主要目的，对水资源使用者有较高的限制，如良好的环保意识、开发资质、运行项目等限制要求。

（2）拍卖转让。拍卖方式在物品或权利的分配过程中得到广泛应用。从拍卖组织角度可分为正向拍卖和反向拍卖，正向拍卖是由出售方发起拍卖且由多个购买方进行竞标报价，以价格最高者得到拍卖物品；反向拍卖相对正向拍卖来说是由购买方发起拍卖且由多个出售方进行竞标报价，通常是以价格最低者最后中标。通过拍卖引入竞争机制，可以降低交易双方信息差、贴合真实价格，还可以增加公平性和提高分配的有效性，这在国外的水权交易实践中得到了广泛的应用。水权交易一般为从节水潜力较大的第一产业转让给资源利用率较高的第二、第三产业，或是政府因生态需求而购买部分水权用于生态恢复且以生态补偿的形式对出售水权者进行价值或实物补偿。水权在交易过程中可看作同质多物品，如果出售方拥有较多的水权，则通常情况下更愿意组织正向拍卖以召集更多的购买者，相反如果购买方需要较多的水权时，则更趋向于组织反向拍卖来购买水权。

（3）挂牌转让。挂牌转让是招标、拍卖方式的重要补充形式，这种方式最初源于广东、江苏等地区，后在全国推行。挂牌转让水权是指水权中心发布挂牌公告，按公告规定的期限将拟转让水权的交易条件在指定的水权交易场所挂牌公布，接受竞买人的报价申请并更新挂牌价格，根据挂牌期限截止时的出价结果或者现场竞价结果确定水权受让者的行为。

2."招拍挂"交易流程设计

水权交易市场定价交易流程应当由市场供需来决定，由市场的供需决定交易双方和交易价格。当灌区水管单位有卖出水权的需求时，由灌区水管单位作为卖出方在水权中心进行挂牌转让；当企业有购买水权的需求时，由企业作为买入方在水权中心发布挂牌需求。

如图7-1所示，当灌区有卖出水权的需求时，此时处于买方市场，灌区作为卖方在水权中心发布转让信息，标明转让水量。此时有购买意愿的企业开始向水权中心提交购买请求。当意愿企业只有一个时，灌区和企业进行协商定价，通过协商来确定交易水量和交易水价；当意愿企业多于一个时，将以公平公开的原则对交易水权进行拍卖或者招标，通过市场供需关系来确定各企业的交易水量和交易水价。在买方和卖方就交易水权的水量和水价达成一致时，双方在水权中心签订转让协议完成交易。

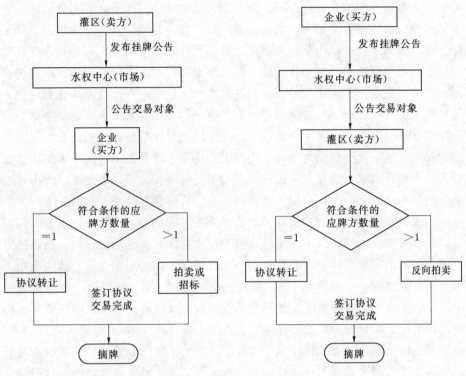

图 7-1　买方市场交易流程图　　　　图 7-2　卖方市场交易流程图

如图 7-2 所示，当企业有购买水权的需求时，此时处于卖方市场，企业作为卖方在水权中心发布购买水权的需求信息。此时有结余水权的灌区可以在水权中心提交结余水权信息。当有结余水权的灌区只有一个时，灌区和企业进行协商定价，通过协商来确定交易水量和交易水价；当有结余水权的灌区多于一个时，将以公平公开的原则对交易水权进行反向拍卖，通过市场供需关系来确定各企业的交易水量和交易水价。在买方和卖方就交易水权的水量和水价达成一致时，双方在水权中心签订转让协议完成交易。

在水权购买方组织的反向拍卖实践中，水权供给价格最低的企业提供数量为 q_i 的水权。如果供给水权部门利用出售的单位水权可赢利 y_1，而转让给购买企业则可赢利 y_2，则这个交易的过程就能为社会增加产值 $\Delta y = (y_2 - y_1)q_i$。水权将从估价最低的单位或个人流向组织拍卖的部门，也就是可以使单位水权的增加值达到最大，从而使整个社会的水权分配更合理，完成了稀缺资源的有效配置。

（三）着力完善水权市场交易机制

水权交易机制是确立市场对水权交易主导作用的核心，主要由水权中心负责建立完善，着力构建政府授权、专业运作加市场协同体系。要充分发挥政府主动引导、两手发力的能力，完善交易拓展、交易规则、交易监管机制设计工作。在水资源配置中，内蒙古自治区仍然是以行政配置为主，市场发挥作用的空间小，必须创造积极的条件，让市场机制发挥作用。通过对已明确水资源使用权的市场交易，改善单纯的行政配置造成的水资源配置过度碎片化和优化配置难度增加的问题。以生态文明建设、产业结构调整为着力点，多措并举，进一步丰富水权交易的市场主体范围、细化水权交易品种。以内蒙古自治区生态资源禀赋与经济发展格局为基础，突出生态优先、绿色发展导向，聚焦水资源投入产出综合效率，建立健全水权交易的市场竞争机制，以水为媒，大力推进供给侧结构性改革。市场机制主要包括供求、价格和竞争三个机制。

供求机制是市场机制的核心，其他相关要素的变动都围绕着供求关系而展开。在水权交易市场，供求连接着政府及用水主体，其变动对水权价格起决定作用，影响了市场主体之间的竞争，决定着用水主体的用水行为。政府应当加强水资源宏观配置，减少水资源微观配置，亦即加强总量控制、江河水量分配，在取水许可环节即微观配置环节减少政府的直接审批，引入市场机制，将取水权的配置和再配置交给市场调节并加强政府监管，促进水资源向高效率、高效益方向流动。政府的作用是对水权的取得给予确认和保护、对水权交易提供法律保障、对水资源用途实行管制、对水权交易市场进行监管等，从而激发市场活力和社会创造力，解决水资源供不应求的矛盾，使有限的水资源利用最优化和整体功能最大化。同时，水权交易机制的完善需要加入经济补偿机制等辅助机制，以保障各交易主体利益的公平。

价格是市场机制的信息传导器，也是引导资源配置的重要工具。水权交易价格机制包括价格形成机制和调节机制，在水权交易市场中，价格机制作为反馈机制而存在，在水权交易市场中发挥着反馈信息的职能，对水资源供需主体的决策和水资源的高效配置起着至关重要的引导作用。理论上，成熟交易市场的水权价格应受市场供求关系影响，买卖双方可以通过报价、还价等过程自然达到交易水价。然而，在我国，由于多数水权交易是协商完成的，还没有一套成熟的定价方法，也缺乏上位法对价格范围的约束，导致通过协商交易的水权价格不能真实反映市场供求关系，同时又增加了相应成本。因此，我国需要将"招拍挂"的市场定价模式引入水权交易价格机制中，建立"市场形成、政府调控"的高效水权市场交易机制。

市场的供求失衡必将导致竞争，从而推动供求关系达到新平衡点。在水权交易市场中，竞争机制主要表现为水权供给者之间、水权购买者之间、水权供给者和需求者之间三方面的竞争：①水权供给者之间的竞争。在水权交易市场中，水权的交易一般采用协议转让、竞价拍卖和招标等方式。无论采用何种形式，对同一水权交易类型，不存在质量和服务上的区别，因此，交易水价将直接影响交易可达性。②水权购买者之间的竞争。水权购买者之间相互竞争的动力是水资源可以满足生产需要，带来比购买水权支出更多的收益。③水权供给者和购买者之间的竞争。买卖双方的竞争是市场竞争中最核心的形式，也是供求对立运动的根本反映。在水权交易市场中，一方面水权的出让方想以高的价格出售手中的水权，以获得更大的利润；另一方面，水权的受让方想以较低的价格购买水权，以降低生产成本。这一矛盾双方竞争的结果是按照价值规律的要求形成市场价格。由此可见，只有通过买卖双方的竞争，才能对水资源进行正确的评价，竞争越是激烈，水资源的配置越是有效。

从供求机制、价格机制和竞争机制相互作用的关系来看，在竞争中形成水权交易市场的水权均衡价格，价格又引导着供求关系；反过来，供求关系决定了市场价格，价格又影响了竞争。水权交易市场就是在这三种市场机制的交互作用下，形成水权交易市场的均衡，在这种均衡状态下，水资源得以最充分的利用，配置效率达到最优。内蒙古自治区政府应当充分发挥政府和市场"两手发力"的作用，以市场机制作为水权交易的主导推力，以政府支撑作为水权交易的有力保障，通过市场在水权交易的供求、价格和竞争三大机制作用下，使内蒙古自治区的水资源配置达到最理想的状态。

（四）着力深化相关配套制度改革

相关配套制度改革是内蒙古自治区水权交易制度建设的有力保障。为使内蒙古自治区水权交易制度建设高效开展，内蒙古自治区政府、各地区政府及各灌区水管单位急需以健全水权交易平台、拓宽水权交易投融资渠道、建立水权交易长效监管与补偿机制、培育水权交易市场等为着力点，多措并举，开展相关配套制度改革工作，深化相关配套制度改革，破除制约水权交易制度建设的体制机制瓶颈，保障内蒙古自治区水权交易制度建设成效。

1. 健全水权交易平台

水权中心应进一步拓展水权交易平台功能，培育水市场、降低交易成本、增进市场活力，使水权交易规范而有序地开展。以形成一个功能完善、富有特色的信息化系统为目标，不断加强信息化建设，让水权交易更方便、快捷、安全、有序地进行；为水权交易提供权威、专业的交易服务，形成线上线下相融合的公共服务模式，显著提升水权交易的便捷度，践行国家水利事业改革目标，为落实最严格水资源管理制度提供重要技术支撑。为进一步健全水权交平台，应从以下三个方面着手：

（1）需要准确界定水权交易平台的功能和定位。水权交易平台在水权交易过程中发挥信息收集、信息传递、信息交换和水权收储、水权转让的功能。水权交易平台应当负责内蒙古自治区内水权收储转让信息的收集和工作开展的职责。同时需要履行水权收储转让咨询、非常规水资源的收储、技术评价、信息发布、中介服务、咨询服务等职责。为便于广大灌区用水户能随时随地开展交易，水权交易平台应当推广信息化服务，开发相应的软件和程序，服务灌区用水户水权交易。因此，水权交易平台的定位应当包括两个层面：①努力将平台设立为内蒙古自治区水资源管理改革的业务支撑单位，服务自治区水利中心工作；②应当将平台设立为公益类国有企业，开展水权交易和收储。

（2）为了更显著地体现交易平台的定位，需要充分发挥水权交易平台的交易功能和信息服务能力。水权交易平台应当通过鼓励和支持地区农业、工业节水改造，引导和推动水权合理流转；通过传达市场信息、政策信息，促进水资源的优化配置与高效利用，盘活水资源存量。在此过程中，水权交易平台应当通过信息和政策引导，进一步培育和优化地区水权交易市场，向政府部门传达政策的实施效果，为探索开展水资源使用权确权登记等配套改革，推动内蒙古自治区水权交易规范有序开展，完善水权交易运作机制与规则体系等提供信息支持和服务。水权交易平台需要与受水方进行水权交易工作，按规定向受让方收取节水工程建设费用与维护资金，然后上交至灌区水管单位。水权交易平台应当在自治区水利厅的统筹指导下开展盟市间水权交易。

（3）要拓展水权交易平台的收储功能。水权交易推进过程中，受各种因素影响，买方对水权的需求与卖方可出售水权之间，在时间、空间、数量、质量等方面可能存在着不一致甚至脱节的现象。在水权交易的过程中，应当建立水权集中收储制度，由水权交易平台开展水权回收回赎、集中保管、重新配置后出售等业务，使平台能够对多个来源的水权进行优化重组，除基本的"一对一"交易外，还可以实现"一对多""多对一""多对多"等多种形式的交易。闲置水指标处置办法规定，经内蒙古自治区水行政主管部门认定和处置的闲置取用水指标，必须通过水权中心交易平台进行转让交易。盟市处置的闲置取用水指标也可以通过水权中心交易平台进行转让交易。因此，水权交易平台必须切实履行自身职责，保证充分发挥水权调蓄功能。

2. 拓宽水权交易投融资渠道

为解决水权交易受让方资金困难的问题，增强资金的流动性，在水权交易实践中，水权中心应会同灌区水管单位和内蒙古自治区财政厅在水权交易和水市场制度上不断创新，开发水权金融市场。通过与水权有关的各种金融制度安排，把可交易的水资源与其衍生品作为有价格的一种商品，以现货、期货、期权等方式买卖、交易和进行相关投融资活动，以有效促进水权转让和交易，减少和规避交易风险。例如，允许用户以拥有的水权作为抵押标的物进行抵押，从银行等有关金融机构获得抵押贷款，用于水权转让和交易。试点允许银行和证券公司等金融机构参与水权金融商品交易，包括水权实物、水权现货等；试点允许保险公司销售水权交易保险，如灾害保险、运输保险等；试点允许证券公司、银行、保险公司开发销售与水资源和水权交易有关的衍生金融商品。在未来条件成熟时，可以尝试通过与证券公司、银行、保险公司合作，在水权交易所试点水权期货交易和水权指数交易。

在拓宽投融资渠道中，自治区水利厅应当发挥引导和监督作用。与水权交易相伴随的水利工程和水市场建设更需要巨额建设资金。我国水利工程建设资金以政府投资为主，资金渠道单一，内蒙古自治区可以学习国外多元化投融资经验，改革和建立多元化投融资机制。政府应改革投融资体制，降低市场准入门槛，放开甚至取消对投资主体的限制，鼓励社会资金和外资作为辅助资金进入水利工程和水市场建设，同时根据建设项目用途来提供和配套建设基金。

3. 建立水权交易长效监管与补偿机制

内蒙古自治区在圆满完成黄河干流沈乌灌域盟市间水权试点工作的同时，积极探索相关改革，河灌总局完成了乌兰布和灌域沈乌干渠引黄灌溉水权确权登记与用水指标细化分配试点工作，建立了用水确权登记数据库。下一步，自治区水利厅与水权中心应建立长效监管机制，以便对试点节水效果和生态影响做到长期跟踪，特别是加强灌区信息化建设管理；同时，由于灌溉农民用水合作组织建设、体制机制建设、水利工程建设与维护、计量设施建设与日常维护、精准补贴和节水奖励等工作均需一定的资金支持，建议水利部、黄委对内蒙古自治区相应补贴、补偿等方面加大财政倾斜力度。

为维持区域公平，使水权交易更顺利地开展，秉持"谁受益、谁补偿"的原则，应补充相关法规，从水权受让方征收的水资源税中提取一定比例补偿水权出让方，专项用于水资源的节约、保护和管理，来弥补水权出让方由于供水减少导致相关水管单位收入的降低。

4. 培育水权交易市场

（1）大力推动形成水权买方。严格用水总量控制，倒逼缺水地区和企业通过水权交易满足新增用水需求。对于已经超量取用水的地区，鼓励实行"边超用、边节约、边还账、边交易"，逐步解决超用问题。把再生水等非常规水资源纳入水资源统一配置，鼓励社会资本参与再生水收储交易。借助中国水权交易所等国家级水权交易平台，谋划探索跨区域的多层次、多形式水权交易。

（2）着力培育水权卖方。在区域用水总量控制指标向下逐级分解的过程中，确认区域取用水总量和所能享有的部分所有权人权益，为开展区域间水量交易提供依据。规范取水许可，确认取水权，为开展取水权交易提供依据。确认灌区内用水户的用水权，为用水户间的用水权交易提供依据。着力建立取水权节约水量评估认定机制、再生水水权核定机制、区域可交易水权确认机制，对不同类型可交易水权完成确认，明晰水权对应的可交易水量，为现实中开展交易增强可操作性。未来在最严格水资源管理和"三条红线"政策的引导下，工业用水总量控制也是大势所趋，随着工业用水需求激增，节水也必将成为企业的重要成本之一，企业要面临在自身节水与在水权交易市场购买水权间进行抉择。届时，需要更进一步开发工业水权交易卖方市场，探索企业间水权交易形式。

（3）优化水权交易市场环境。强化水权交易资金保障，创新金融产品，帮助企业完成前期投入。抓紧完善水资源监测、用水计量与统计制度，全面提高水资源监控能力，为水权交易奠定技术基础。强化宣传引导，加大对内蒙古自治区水权交易成效、经验的宣传力度，引导有潜在需要的地区、工业企业或社会资本参与水权收储交易，提高认知度、关注度和参与度。

5. 加强水权交易法规与能力建设

（1）加强自治区层面法规建设。以《内蒙古自治区闲置取用水指标处置实施办法》《内蒙古自治区水权交易管理办法》为核心，加大对水权交易各环节的政策规范力度，进一步构建支撑自治区水权交易的法规体系。针对再生水水权交易、区域水权交易等具有较大市场潜力的水权交易类型，适时研究出台政府规章进行规范。

（2）积极推动水权交易的上位法增补完善。推动水利部出台水权收储方面的制度办法，指导各地根据水权交易需求，因地制宜建立水权收储机制。在国家层面，尽快制定水权登记制度，以登记制度为核心，改革取水权等相关行政法规，推动水资源的优化配置。

（3）加强水权中心能力建设，做好配套制度建设，制定出台各种水权交易实施细则，确保平台交易有规可依、有章可循。加强与中国水权交易所的战略合作，推动水权交易平台运作的规范化，并结合实际进一步打造适合内蒙古自治区区情水情的水权交易平台。

（4）强化水行政主管部门在水权交易监管和服务方面的能力。内蒙古自治区水行政主管部门应着力理清政府和市场行为的边界，进一步发挥在用水总量控制、水量分配、明晰水权、用途管制、水市场培育与监管等方面的作用，让市场机制逐步在水资源优化配置中发挥决定性作用。

参 考 文 献

［1］ 王宝林. 内蒙古水权转让实践与下一步工作思路 [J]. 水利发展研究，2014，14
（10）：67－69，77.

［2］ 汪恕诚. 水权和水市场——谈实现水资源优化配置的经济手段 [J]. 水利规划设计，
2001（1）：6－9.

［3］ 汪恕诚. 水权转换是水资源优化配置的重要手段 [J]. 水利规划与设计，2004（3）：
9－11.

［4］ 周自强. 准公共物品供给理论分析 [D]. 天津：南开大学，2005.

［5］ 胡鞍钢，施祖麟，王亚华. 从东阳-义乌水权交易看我国水分配体制改革 [J]. 经济
研究参考，2002（20）：20－25.

［6］ 应松年. 社会管理创新引论 [J]. 法学论坛，2010，25（6）：5－9.

［7］ 汪恕诚. 水权管理与节水社会 [J]. 华北水利水电学院学报，2001，22（3）：1－
3，7.

［8］ 农业农村部软科学课题组. 美澳日水权制度与水权交易的经验启示 [J]. 农村工作通
讯，2018（7）：59－62.

［9］ 严予若，万晓莉，伍骏骞，等. 美国的水权体系：原则、调适及中国借鉴 [J]. 中国
人口·资源与环境，2017，27（6）：101－109.

［10］ 付实. 美国水权制度和水权金融特点总结及对我国的借鉴 [J]. 西南金融，2016
（11）：72－76.

［11］ 刘家君. 中国水权制度研究 [D]. 武汉：武汉大学，2014.

［12］ 黄顺星. 美国加州水权制度研究 [D]. 厦门：厦门大学，2014.

［13］ 李志琴. 论健全我国的水权交易制度 [D]. 无锡：江南大学，2010.

［14］ 李雪松. 中国水资源制度研究 [D]. 武汉：武汉大学，2005.

［15］ 黄锡生. 经济法视野下的水权制度研究 [D]. 重庆：西南政法大学，2004.

［16］ 赵清，刘晓旭，蒋义行. 内蒙古水权交易探索及工作重点 [J]. 中国水利，2017
（13）：20－22.

［17］ 聂辉华. 契约理论的起源、发展和分歧 [J]. 经济社会体制比较，2017（1）：1－13.

［18］ 赵清，刘晓旭，蒋义行. 基于水银行机制的内蒙古水权制度改革探索 [J]. 中国水
利，2016（21）：3－5.

［19］ 杨林，王多强，肖燕花. 利用精准管水创新水权转换机制 [J]. 中国水利，2016
（7）：17－19.

［20］ 刘峰，段艳，马妍. 典型区域水权交易水市场案例研究 [J]. 水利经济，2016，34
（1）：23－27，83.

［21］ 刘璠，陈慧，陈文磊. 我国跨区域水权交易的契约框架设计研究 [J]. 农业经济问
题，2015，36（12）：42－49，110－111.

［22］ 王丽珍，黄跃飞，王光谦，等. 巴彦淖尔市水市场水权交易模型研究 [J]. 水力发电

学报，2015，34（6）：81-87.

[23] 郑志来. 土地流转背景下缺水地区农用水权置换制度影响因素研究 [J]. 农村经济，2015（3）：90-94.

[24] 汤吉军. 不完全契约视角下国有企业发展混合所有制分析 [J]. 中国工业经济，2014（12）：31-43.

[25] 王宝林. 内蒙古水权转让实践与下一步工作思路 [J]. 水利发展研究，2014，14（10）：67-69，77.

[26] 张建斌. 水权交易的经济正效应：理论分析与实践验证 [J]. 农村经济，2014（3）：107-111.

[27] 邬磊. 内蒙古水权改革与水市场建设研究 [D]. 北京：华北电力大学，2013.

[28] 冯峰，殷会娟，何宏谋. 引黄灌区跨地区水权转让补偿标准的研究 [J]. 水利水电技术，2013，44（2）：102-105.

[29] 杨宏力. 不完全契约理论前沿进展 [J]. 经济学动态，2012（1）：96-103.

[30] 徐连章. 新制度经济学视角下的我国海洋渔业资源可持续利用研究 [D]. 青岛：中国海洋大学，2010.

[31] 毕克玲. 多阶段供应链契约协调模型研究 [D]. 北京：北京交通大学，2009.

[32] 张文鸽，何宏谋，殷会娟. 黄河流域水权转换地区水资源论证特点研究 [J]. 中国水利，2009（11）：7-9.

[33] 王燕，张静芳，王立业，等. 对水权转换的认识 [J]. 内蒙古水利，2008（6）：12-14.

[34] 姜丙洲，章博，李恩宽. 内蒙古水权转换试验区监测效果分析 [J]. 中国水利，2007（19）：47-48.

[35] 唐铁军. 我国水权转让及其价格问题 [J]. 中国水利，2007（2）：42-43.

[36] 沈大军，生效有，王荣祥，等. 内蒙古自治区水权制度建设及其实践 [J]. 中国水利，2006（21）：9-11.

[37] 佟金萍. 基于 CAS 的流域水资源配置机制研究 [D]. 南京：河海大学，2006.

[38] 沈满洪. 水权交易与政府创新——以东阳、义乌水权交易案为例 [M] //张曙光，金祥荣. 中国制度变迁的案例研究（浙江卷）：第五集. 北京：中国财政经济出版社，2006：645-690.

[39] 励效杰，王慧敏，李红艳. 水权交易与强制性制度变迁——以中国第一包江案为例 [J]. 水利经济，2006，24（5）：21-24，82.

[40] 杨瑞龙，聂辉华. 不完全契约理论：一个综述 [J]. 经济研究，2006（2）：104-115.

[41] 沈满洪. 水权交易与契约安排——以中国第一包江案为例 [J]. 管理世界，2006（2）：32-40，70.

[42] 郭素珍，李美艳. 内蒙古黄河流域水资源与水权转换 [J]. 内蒙古水利，2005（2）：91-93.

[43] 王亚华，胡鞍钢，张棣生. 我国水权制度的变迁——新制度经济学对东阳-义乌水权交易的考察 [J]. 经济研究参考，2002（20）：25-31.

[44] 陈禹. 复杂适应系统（CAS）理论及其应用——由来、内容与启示 [J]. 系统辩证学学报，2001，9（4）：35-39.

[45] 李新春. 转型时期的混合式契约制度与多重交易成本 [J]. 学术研究，2000（4）：5-13.

[46] 佟金萍，王慧敏，马剑锋. 新时期我国水权交易的时代特征及制度供给 [J]. 中国水利，2018 (19)：27-30.

[47] 刘钢，王慧敏，徐立中. 内蒙古黄河流域水权交易制度建设实践 [J]. 中国水利，2018 (19)：39-42.

[48] 郭晖，陈向东，刘钢. 南水北调中线工程水权交易实践探析 [J]. 南水北调与水利科技，2018，16 (3)：175-182.

[49] 王慧敏. 国外水权交易制度建设经验及启示 [N]. 中国水利报，2016-07-14 (005).

[50] 牛文娟，王伟伟，邵玲玲，等. 政府强互惠激励下跨界流域一级水权分散优化配置模型 [J]. 中国人口·资源与环境，2016，26 (4)：148-157.

[51] 邓敏，王慧敏，胡震云，等. 水权转让中自主协调与合作路径分析——以新疆地区为例 [J]. 资源科学，2012，34 (2)：211-219.

[52] 唐润，王慧敏，王海燕. 水权交易市场中的讨价还价问题研究 [J]. 中国人口·资源与环境，2010，20 (10)：137-141.

[53] 仇蕾，王慧，王慧敏，等. 基于蒙特卡罗的水期权定价模型——以南水北调东线为例 [J]. 统计与决策，2008 (23)：61-64.

[54] 王慧敏，王慧，仇蕾，等. 水期权及其定价模型——以南水北调东线为例 [J]. 系统工程，2008，26 (7)：45-51.

[55] 王慧敏，佟金萍，林晨，等. 基于CAS的水权交易模型设计与仿真 [J]. 系统工程理论与实践，2007，27 (11)：164-170，176.

[56] 励效杰，王慧敏，李红艳. 我国水权制度立法现状及其对策建议 [J]. 生态经济，2007 (1)：67-68，71.